U0365034

［美］克里斯托弗·霍布斯
莱斯利·加德纳 ／ 著
黄　欣　朱亚光 译

在阳台上
种草药

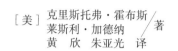

西安交通大学出版社
XI'AN JIAOTONG UNIVERSITY PRESS

图书在版编目（CIP）数据

在阳台上种草药/（美）霍布斯（Hobbs,C.），（美）
加德纳（Gardner,L.）著；黄欣，朱亚光译，一西安：
西安交通大学出版社，2015.8
书名原文：Grow It,Heal It
ISBN 978-7-5605-7858-3

Ⅰ.①在… Ⅱ.①霍… ②加… ③黄… ④朱… Ⅲ.
①药用植物－栽培技术②药用植物－基本知识 Ⅳ.
①S567②R282.71

中国版本图书馆CIP数据核字（2015）第206126号
著作权合同登记号 图字：25-2015-156

书　　名　在阳台上种草药
著　　者　（美）霍布斯（Hobbs,C.）　（美）加德纳（Gardner,L.）
责任编辑　张沛烨　高　凡

出版发行　西安交通大学出版社
　　　　　（西安市兴庆南路10号　邮政编码710049）
网　　址　http://www.xjtupress.com
电　　话　（029）82668805　82668502（医学分社）
　　　　　（029）82668315　（总编办）
传　　真　（029）82668280
印　　刷　北京彩虹伟业印刷有限公司

开　　本　710mm×960mm　1/16　印张　17.25　字数　221千字
版次印次　2016年3月第1版　2016年3月第1次印刷
书　　号　ISBN 978-7-5605-7858-3/S·13
定　　价　55.00元

读者购书、书店添货、如发现印装质量问题，请通过以下方式联系、调换。
订购热线：（029）82665248　82665249
投稿热线：（029）82668805　82668502
读者信箱：medpress@126.com

版权所有　侵权必究

我要把这本书献给我的家人——我的妻子莱斯利·加德纳、儿子肯·霍布斯——还有过去及现在所有的草药师们。正是他们对草药的丰富经验和对大自然的热爱，激发了我的热情，照亮了我前方的道路。

——克里斯托弗·霍布斯

我怀着感恩的心，把此书献给我的根和我的苗：让世界变得更美好的我的父母罗伯特·加德纳和露丝·加德纳、我的"女神"戴安娜、我亲爱的克里斯托弗和肯，还有每一页书中提到的一连串的草药师们。

——莱斯利·加德纳

序言

　　治愈疾病、保持健康，一直以来都是人类所关注的问题。早在5000年前，人类就已经懂得使用草药配方来治疗疾病、减少不适了。

　　我们是如何知道这一点的呢？在考古挖掘中，人们发现，在石器时代的生火点留下了疑似药用植物和花卉的残留物。公元前4000年的苏美尔人，在如今的伊拉克地区也留下了关于药用植物的文字记录。他们的药方和我们现在所使用的药方有着惊人的相似。古埃及医师所建立的关于草本及其用途的庞大知识体系，奠定了现代药学的基础。而公元前3000—公元前1550年的希腊人，还相当执着地通过饮食、健康生活习惯以及其他自然方法来治疗疾病、保持健康。从这一点来看，古埃及超过了古希腊。

　　我们在亚洲地区也找到了古人使用草药的类似证据。例如，印度的阿育吠陀养生学和中国的传统中医就已在亚洲文化中实践了几千年。苏美尔人、亚述人、埃及人、希腊人和罗马人关于草药的古老知识，通过希波克拉底、普林尼、伽林，尤其是著名医生迪奥斯克里德斯的书信流传了下来。迪奥斯克里德斯是公元1世纪人，著有一直以来最为盛名、影响巨大的草药书——《药物论》。他是尼禄军队的一名医生，曾随罗马军队游历多年，在长达17个世纪的时期里，他的书都被认为是草药使用最权威的著作。《药物论》于公元7世纪被翻译成波斯语，于是这种古老的智慧流传至北非和中东，然后于10—13世纪传到位于意大利的早期欧洲医学院。有一种说法称：第一本印刷流传的书是《圣经》，第二本就是《药物论》。当时许多家庭的壁炉上都摆放着这两本书。这种状况持续了好几个世纪。

　　文艺复兴时期所有伟大的草药师——特纳、富克斯、布伦费尔斯、多登斯、帕金森，以及有"国王的草药师"之称的约翰·杰拉德，都写有鸿篇巨著。这些著作，仍被当今的草药学家所知并研习。其内容丰富多彩，记录了千百年来人们使用植物治病的情况，是当今不可或缺的历史记录。

草药学一直被应用于传统药物和专业医药领域，直到19世纪，随着美国草药医派和折中医派的盛行达到高潮。当时这两个学派执掌着自己的医学院，有自己的期刊。这一流派出过好几本著名的书籍，其中最著名的是1902年版的《金氏美国药品解说》，这本书至今仍然广为人知。

然而，到了19世纪30年代，药学标准中，合成药物取代了草药，但是草药的使用仍然在某些地区延续。美国1936年版的《国家药典》表明，药店的处方和销售记录中包括许多草本提取物，如紫锥菊、塞润榈、蒲公英、蓝升麻和俄勒冈葡萄根。

在后来的版本中，绝大多数的草药都被删掉了，到了1995年只有一小部分保留了下来。幸运的是，在自家阳台上或花园中种植草药、使用草药的艺术，仍在世界上的许多国家盛行，一如几个世纪以来，草药艺术生生不息。实际上，在20世纪60年代后期（最早启动大型美国草药采集项目的哈佛神学教授保罗·李博士称之为的"草药复兴"已经开始），那时，著名的草药师约翰·克里斯多夫周游全美，为人们讲授传统的草药学知识。他极力宣传他最爱的植物——辣椒和半边莲，还因"无证行医"的罪名被多次逮捕。

20世纪70年代，罗斯玛丽·格莱斯达创立了全美第一所草药学学校——加利福尼亚草药研究学校，还于1981年在俄勒冈的布瑞坦布什温泉第一次举办了国家级的草本学会议。从那时起，新一代的草药学家开始在全国范围聚会、教学并实践草药医学，他们中的许多人仍然活跃于当今的医学舞台上。

我们欢迎您通过阅读、使用《在阳台上种草药》这本书，加入探讨自我护理、自我探索这一古老又现代的传统话题。和古代医者一样，你手中所握的是穿越千年的医疗配方。你可以像他们一样，种植用于自愈的花草。使用阳台上或花园中的草药，能够减轻疼痛、保持身体健康与活力、延长寿命。正如前人一样，你也可以收集这些治病的方案以备用，让自己和身边的人心情舒缓、身体健康。

安全性

这些草药本身的安全性如何？科学界已经广泛地揭示了植物的某些成分。一些成分，例如咖啡因，已经被研究得非常充分了。今天我们越来越懂得，许多花草对新陈代谢和人体器官组织有着微妙的影响。科学研究发现，只要草药使用安全得当，它们的疗效是完全符合历史经验的。与化学药物的疗效相比，草药的副作用会更少、更轻。另外，草药的价格几乎无一例外地比化学药物要便宜。虽然科学研究还未完全揭示每一种广泛使用的草药的安全性和疗效，但是许多传统草药实践的有效性已经被科学肯定。科学还为使用草药治疗提供了不少充分的理由。在本书中，我们浓缩了无数人类关于草本疗法的科学研究，分享关于花草的第一手经验。这些草药不仅仅存在于几个世纪的花园中、阳台上，还存在于临床和科学研究当中。因为，正如药物一样，某些草药一旦误用或误食，则会损害身体。因此，应当根据个人体质和当前药用情况来判断，哪些草药应该服用，哪些草药应该避免。

设计你的草药箱

当你不知道该在家里种植哪种花草的时候，看一看你家现在的备药箱吧。

一般来说，人们会放些止痛药、感冒药、肠胃药、安眠类药物，外伤、皮疹和烧伤类药，可能还有一些处方药。对于那些常见病和保健问题，是可以通过在家种植药草、制作简易配方解决的。在本书接下来的章节中，你将找到针对外伤、呼吸道感染、消化不良、经期和更年期不良症状的配方，甚至能减轻怀孕期间恶心及其他孕期症状的安全的草药茶。

虽然你也可以通过购买草药来进行食疗，但是，亲手种植、收获草药，岂不是更有意义和令人兴奋吗？一旦你能欣赏、感受自种草药的魅力和治愈的能力，你就开启了一道与植物互相尊重、终身受益的生命旅程。我们经常说，只有亲自种植草药，你才能真正知晓它们作为药物的角色，全面了解它们的药力和功效。

种植一片草药园

在过去，药材要么是花园里种的，要么是野生的。到了中世纪和文艺复兴时期，不断扩张的城市规模催生了草药园，这时，新的传统便诞生了。邻里之间经常合作，种植草药园。几乎每个人都在园里劳作，许多家庭都自己制作手工药物。因此，你会发现，很有可能你的祖先，就是某种意义上的草药师哦！你可以重拾祖先们的旧业，在愉悦自己感官的同时，重新发掘自给自足、关照健康所带来的乐趣和满足感。一个草药园不用很大，但它必须满足你个人的治愈需要。你是否感觉忙碌的生活使你压力太大？考虑一下一个种着黄春菊、柠檬香蜂草、野莴苣和花菱草的"静慰花园"吧。它能带来新鲜美味的草茶和酊剂，平缓你的紧张情绪，带你进入睡眠，还能带来干燥的镇静剂，陪你度过严冬。如果严寒的天气伴随着感冒、流鼻涕、流感、鼻塞的痛苦，那么，试一试紫锥菊、接骨木、大蒜、柠檬香蜂草、胡椒薄荷、百里香和西洋蓍草吧。它们具有抗病毒作用，能提高你的免疫力，能够防止鼻塞和帮助退热。

在本书中，你将发现，许多草药在花盆里就能长得很好，因此，根本没有必要开垦传统意义上的草药园——一方阳台，甚至一块窗台就可以满足你的需求。只要几个花盆，就能长出治愈多种疾病的草药。在为你的阳台购买植株和种子的时候，要注意保证所购买的植物具有你想要的多种功效，一些品种相似的植物有可能在药用价值上相差巨大。请特别留意我们在"认识药草"章节中给出的指引。植物名称也很容易混淆，如果你在辨别种类上有疑问，可以参看我们的"资源列表"。

　　总之，和植物一起共度时光吧。把它看作是发挥你的创造力、感受直觉和发现自我的机会。草药医学这门艺术和科学是你与生俱来的权利，只要付诸实践，就能把你的生命注入本书所讲的知识中。祝你的阳台硕果累累，祝你的良药为你和家人带来最好的生活！

克里斯托弗·霍布斯

莱斯利·加德纳

目录

第一章
认识药草

第二章
种植药草

第三章
制作药草

第四章
使用药草

芦荟

分类：刺叶树科
（*Aloe vera*）

> 传说，芦荟是埃及艳后克里奥佩特拉及其埃及王宫所喜爱的美容用品。

每个窗台、阳台和露台上都应该种上这种神奇的急救药物！这种多汁的植物最早来自非洲，并从远古以来就已被栽培。实际上，在世界上的任何一个角落，芦荟都可以生长。

● 描述

芦荟是一种多叶多汁植物，以厚实的肉质绿叶为主要特征。有的叶子带有白点，其边缘为不规则的白色弯曲的刺状锯齿。花朵为不定期的黄色和红色，通常开于温湿冬季过后的干暖春季。芦荟不耐严寒，因此一般应该种在室内或带有护棚的室外，冬季时应放置室内。

● 制剂及用法

芦荟制成的产品有很多，如乳霜、药膏、唇膏和瓶装凝胶等，但最好用的，就是从叶子上直接刮下或直接挤出的新鲜凝胶（如果需要的话，每天涂抹几次）和鲜榨的凝汁了。如果使用市场上销售的产品，遵照标签上的说明使用即可。

第一章
认识药草

　　欢迎来到药草的世界。在这里，你将和50种植物相遇——从芦荟到洋蕺菜根都能治疗或缓解短期疾病、轻度损伤或慢性疾病的症状。你还将学会如何使用这些药草，使之成为日常养生、恢复健康活力的一部分。

● 治愈功效

芦荟叶子内部的厚实凝胶可用来涂抹各种皮肤损伤，包括烧伤、刺伤、叮咬、粉刺、擦伤和创伤伤口。研究表明，芦荟的凝胶含有糖蛋白和多糖，能够加速烧伤和创伤的愈合，并刺激新组织的形成。一些实验室的初步研究表明，和标准药物磺胺嘧啶银乳膏相比，芦荟能加速创伤、烧伤、疱疹溃疡、牛皮癣、HPV病变、溢脂性皮炎以及冻疮的愈合。一项研究表明，芦荟治愈伤口，比使用安慰剂快9天。还有证据显示，芦荟能帮助糖尿病患者控制血糖、降低胆固醇。虽然对芦荟的研究参差不齐，但是总体而言，芦荟是有明显益处的。我们建议直接提取芦荟叶原汁（或商品中标明"100%芦荟凝胶"的）来治疗创伤或烧伤，或舒缓皮疹和晒伤。芦荟还能用来涂抹面部和皮肤，消除皮肤干燥带来的轻度瘙痒。

如果你有牙龈发炎、轻中度牙周炎、口腔溃疡或咬伤，芦荟也是值得一试的良药。

● 安全性

芦荟叶可以做成两类产品：一类是直接从叶表下提取的树脂，具有刺激性的泻药功能；另一类是叶子内部的凝胶，可做饮料及护肤品。

我们不建议孕期或哺乳期妇女使用芦荟凝胶，有经验丰富的医生指导的除外。

● 种植

芦荟是沙砾或干燥泥土（少水或沙漠地带）地带种植的理想植物。芦荟在寒冬无法生存，但是，如果只是遇到一些轻微的冰冻，它还是会在室外长得很好，只是每个冬天留下一点表面的损伤而已。要把芦荟种在一个排水良好、沙质土壤的大盆中，置于光照充足的温暖地方。如果排水不畅，会导致叶子枯萎、发黑；如果这样，则让它在冬季静置保养，不要浇水。如果保养得好的话，它会长出侧芽。这时我们可以轻轻地把侧芽从母枝上分离，另行分盆种植。从嫩芽到长大成形，需要两年的时间。

● 收获芦荟

若想使用凝胶，可以从叶子顶端切下一小片，将带有黏液的切口涂于烧伤、咬伤或瘙痒患处即可。切下来的小片还可以继续纵向切片，这样就可获得更多的凝胶。若想使用汁液，需等到叶子长到1～2英寸（1英寸=2.54cm）长时，切不可同时切割3～4片以上叶子。用干净的刀具将其从靠近根部的位置割下，迅速支撑好或置于斜架上，切面朝下直立，并把容器放在叶子下方接住滴出的汁液。最后，用瓶子把汁液装好，放入冰箱冷藏。

穿心莲

分类：爵床科

（*Andrographis paniculata*）

在奎宁从金鸡纳树发现以前，穿心莲是人们唯一所知的能够治疗疟疾的药。

穿心莲在印度被称为"苦药之王"，在中国是一味重要的中草药。不过，西方使用穿心莲，还是比较晚的。这种草药并不像它的名称那样苦，市面上销售的胶囊和药片中，常常都有穿心莲的身影，有的单独成药，有的是作为成分之一。虽然它不会出现在你的美食列表中，但是你一定会被它一长串的抗病毒、增强免疫力的临床功效所折服。这种植物的地面部分是如今最常用的，但它的根部或整棵植株偶尔也可以使用。

● 描述

这种直立的植物枝茎开阔，高达2～3英尺（1英尺=0.3048m），有细长、方形的绿色茎；叶小，呈矛形；花小，带斑点，呈白色或粉色，多花聚集成纤长状。在其原生地区，即印度、斯里兰卡和东南亚，穿心莲成片生长于平原、路边和田间地头的潮湿、阴暗地带。

● 制剂及用法

你可能会发现，这种草药最方便食用的方法，是药片或胶囊（每天摄入1～3粒）。但传统上，它被当作茶饮或汤剂，人们常常将其与甘草或甜叶菊等带甜味的药草同食，借此中和穿心莲的苦味。每日饮1～2茶匙，饭前饮用，以利用它的助消化功能。如果你喜欢带苦味的滋补品的话，一开始你可以冲得淡一些，后来可以逐渐增大剂量。

● 治愈功效

穿心莲之所以著名，是因为它保护免受病毒和细菌感染的能力极强。西方的草药师对此药物越来越推崇，因为它能防止并缩减感冒和流感的症状，而这种用法也获得了临床研究的支持。

数年前，在泰国的乡村，我由一名乡村医生带领，见到了这种植物。那名乡村医生说："我要带你去看泰国最有名的草药！"他的手指向了穿心莲！后来我发现，我们去的每一家药店，都摆着瓶装的穿心莲，并放在显著的位置。在阿育吠陀和传统中医中，穿心莲在治疗感染和调节血糖上被广泛地推崇，科学研究还表明，它有保肝和促消化等作用。

● 安全性

穿心莲被认为是一种普遍安全的植物，在阿育吠陀和传统中医的记录中使用已久。长期服用大剂量（超过推荐量的1~2倍以上）在敏感体质中会导致消化不适或皮疹。产品标签上会注明该产品的活性化学物—穿心莲内酯的含量。我们建议你遵照标签上的说明使用，尤其是产品中含有高浓度标准提取物时。如果该产品是你自己种植、干燥的，则可以每日取1茶匙，研磨成粉末服用。注意，此草药孕妇应当慎用，尤其是怀孕初期。

● 种植

在印度，穿心莲是在雨季种植的，但如果能持续灌溉的话，你会发现，这种草药相当能够适应干燥的气候。它需要的是一个充足、漫长的成长周期，这意味着在除南部以外的所有地区，把穿心莲种在温室或阳光充足的阳台，都是个绝佳的选择（如果你在室外种植，最好置于全日晒下，部分遮阴）。因为穿心莲树形松散，你可以把几棵穿心莲一起种在同一个地方，这样看起来更美观。使用堆肥和有机肥，如海藻或鱼乳化剂施肥。穿心莲的繁殖方法包括在适当条件下播种（最简单）、扦插，甚至压条，应避免病虫害。穿心莲种子需要温暖的土壤才能发芽，然后要等到3个月后才能成熟，达到最佳的药用功效。在非常温暖的气候里，它们有时能越冬，第二年继续生长，但是，在绝大多数的气候中，穿心莲属于一年生植物。

● 收获穿心莲

在花期，把柔软的细茎和细叶割下。如果气候温暖，它会再次长出嫩芽。那些细小的茎、枝、干长得很快，但是要记得检查那些比较粗壮的茎是否完全干透，如果不够干燥的话，它们就有可能在容器中发霉。

欧白芷

分类：伞形科
（*Angelica archangelica*）

> 欧白芷是所有草药园丁的至爱。这种芳香的植物，曾被列为中世纪神秘的灵丹不老药和助消化食品。

欧白芷是花园中的天使，在欧洲的传说中有着神奇的身世。据说在黑死病时期，某天大天使拉斐尔向一名修道士透露，这种植物是降伏瘟疫的妙药。从那以后，北欧边远地区的村民们就把它当作神奇的护身符，佩戴在身上。几个世纪以来，欧白芷一直是人们的至爱，人们往往把欧白芷种在修道院的庭院或是公众的花园。它的根和籽都可入药，并出现在不少亚洲、非洲、欧洲的药品中。它们还让杜松子酒、苦艾酒、查特酒和廊酒的风味更香醇。欧白芷在各地有多个品种，有时也共用A.archangelica这一个名称。

● 描述

欧白芷是能瞬间吸引人眼球的两年生植物：它的高可达6英尺以上，它那宽阔向上的锯齿状叶子和擎着花朵的空心粗茎令人叹为观止。浅绿的白色小花朵形成硕大的球形伞状花序，最后长出饱满、味浓的种子。

● 制剂及用法

将欧白芷根部切碎，用于汤剂、酊剂和糖浆，或浸泡在蜂蜜中，每天最多摄入4.5g（0.16盎司）。这种草药最好于饭前或饭中服用。如果食用种子，我们建议制成标准泡剂，而不是酊剂。

● 治愈功效

欧白芷的所有部分，不管是酏剂、茶剂、酊剂或其他制法，都可用于改善消化，减轻胃痛、恶心、气胀，以及减缓普通感冒的症状。欧白芷柔软的叶子芳香扑鼻，可以切碎加入沙拉；其鲜嫩的根茎加入汤或其他菜肴中，可使味道更为鲜美。过去盛行用欧白芷的茎制成蜜饯来"帮助宝宝服药"。

欧白芷的几个中国品种，都非常容易种植，尤其是白芷，它们经常被做成茶剂，不但有利于消化，更能缓解经期痉挛和疼痛。

另一个相关的品种：A.sinensis，就是大名鼎鼎的中药——当归。它被认为是世界上最广泛使用的草药。针对妇科问题，当归尤其见效，它能增强能量、调节月经周期、缓解疼痛等。

● 安全性

食用欧白芷时应注意的一些安全性的小问题：它会增加皮肤对阳光的敏感度，容易引发过敏，并且可能会与凝血治疗产生反作用。不过，这些问题只是作为酊剂才会存在，泡茶加热或蒸煮干燥后食用根部，会减少这些问题。然而，为了健康起见，怀孕期间或抗凝血治疗期间，不要食用欧白芷。

● 种植

在其原产地欧洲，欧白芷喜欢生长在靠近水的地方和沼泽区的边缘。另外，它还喜欢凉爽的气候，因此，如果你居住的地方较为温暖，请务必遮阴；使用肥沃、潮湿、排水良好的土壤。要给这种5～8英尺的美丽植物留下足够的生长空间，去掉花柄（除非你能忍受它），使欧白芷的养分流向根部，提高根部的营养。在清凉的秋天播种，最好用新鲜的种子发芽，如果没有新鲜的种子，冷藏6~8周的种子也可以。在温暖的地域，欧白芷会自己发芽（尤其是伞状花序中心的种子）。欧白芷在第二年开花，如果气候温和，它会成为生命较短的多年生植物。

收获欧白芷

挖掘欧白芷根的时间应该是在休眠期，也就是经历了两个季度生长期后的深秋到次年早春。采集种子做药，应在种子由绿变黄的时候。大雨甚至是露水会使种子腐烂，因此要确保能够立即采摘成熟的种子。把根部切成小片，用相对高的温度烘干。储藏时，要小心虫害——干欧白芷很容易招虫。

茴藿香

分类：唇形科

（*Agastache foeniculum*）

把茴藿香的花朵、叶子撒在水果杯或沙拉上，或撒在米饭和面食上。

在你所种植和使用的草药中，没有哪种比茴藿香更香、更甜的了！不仅可直接采食，而且它那柔软、甜美的叶子更是令人赏心悦目，成群的蜜蜂和蝴蝶都被它吸引。茴藿香产于加拿大及美国中西部北边，长在开阔的森林及草原。它在亚洲的近亲——韩国薄荷也长于类似的环境。

● 描述

这种直立、圆柱形的多年生植物，最高长到2～3英尺，直到顶部出现花朵为止。花朵为醒目的薰衣草花状的修长穗状花序，通常出现在盛夏或夏末。叶子在寒冷的天气略带紫色。茴藿香通常为2～3年生，然后枯萎，它们并不完全耐寒。

● 制剂及用法

用茴藿香的叶子和嫩茎制作药茶。夏天，加入冰块和柠檬制成清凉消化饮料。冬天，睡前饮用热药茶可放松神经、有助睡眠。新鲜茴藿香叶还可以切碎，放入各种菜肴和甜点中。

● 治愈功效

在沙拉、汤汁和其他菜肴中加入茴藿香，可带来一种迷人的香气和微甜的口感。你可以在饭菜上撒上一点剁碎的茴藿香叶，这种独特的美味相信你会念念不忘。除了独特的美味外，茴藿香及其类似植物还十分利于健康，如减轻和防止恶心、食欲不振、胀气、腹痛。在传统中医学里，医生经常会建议患者，在患感冒或流感时喝茴藿香汤药来缓解喉痛、减轻发热症状。

● 安全性

尚无已知安全问题。

● 种植

这种美丽的植物喜欢潮湿、肥沃、排水良好的土壤和充足的阳光，避免直接暴晒。如果环境太湿，茴藿香容易受真菌感染。每个季度施一次海藻液肥，以使叶子粗大繁茂。如果你家处于中重度霜冻地区，则应以盆栽种养，并使其免受霜冻。如果气候温和，茴藿香会在冬季枯死后重生，甚至会再次结种。想要繁殖的话，在温室或阳台窗口播种即可。你也可以通过扦插或分根来繁殖。

● 收获茴藿香

从长出花蕾到完全开放，采集茴藿香的叶子和地面部分，包括茎干顶部的肉质部分。如果割下的只是顶部枝条，那么它还会再长，一年之内你可以收割好几次。和薄荷家族的其他植物一样，茴藿香的药用功效在天气比较暖和的生长后期比较高。干燥茴藿香的时候，要捆起来悬挂晾干，或者把粗茎单独拿出来摆成薄薄的一层，这样干得比较快。

朝鲜蓟 ✸

分类：菊科

（*Cynara scolymus*）

这种植物可以"一物两用"——既是美味的食物，也是药用植物，合二为一的佳品！

如果你只当这种植物是一种美味的蔬菜（通常吃的是它的头状花序），那么你就有所不知了！朝鲜蓟和它的近亲荆棘蓟形态相似，却比你想象的要厉害得多。它生动的紫色花冠，在阳光下熠熠生辉；它还是你药橱里不可多得的良药。如果没在阳台上摆上一盆，那将是多么可惜！

● 描述

这种生命期不长的多年生植物，在一个生长季度可长到高15英尺，宽5英尺。朝鲜蓟形态壮实，色灰白，中间的茎粗壮，旁边的叶子粗糙、尖锐，花朵为紫色，是我们熟悉的蓟状花。

● 制剂及用法

如需服用，饭前制作标准泡剂，服用半杯。酊剂也十分方便。叶子制成的酊剂，能使促消化药物的成分发挥作用。另外，它还便于携带，可在橱柜存放2~3年。如购买朝鲜蓟胶囊或药片成品，请遵照标签说明服用。

● 治愈功效

朝鲜蓟的叶子可以直接从花园摘取，咬碎咀嚼，它们含有助消化的刺激性酶。叶子生吃时带苦味，但绝大多数人觉得还是挺好吃的，因此越来越多的人喜欢用它来做酏剂或饭前开胃品。你可能会说，我们都是只吃朝鲜蓟的头部哦！不过，一旦你尝过叶子，你就会发现不同：叶子比美味的头部口感更丰富、药效更强劲。

如今，尤其是当你遇到难以消化脂肪的问题时，朝鲜蓟叶被推荐用来帮助刺激肝胆。传统中医说的"肝滞"，就是指饮食过于油腻时，消化负担太重而引起的普遍症状。伴随性症状包括：太阳穴周围疼痛、烦躁，以及月经不调。经常服用朝鲜蓟叶或提取物可以帮助避免这些不适症状。

最近的研究表明，朝鲜蓟叶提取物对于降低胆固醇药效温和，但效果显著。它还被添加到补品中促进健康。

● 安全性

文献中尚未有朝鲜蓟的安全性问题。理论上应包括轻微的过敏反应，如消化不适或皮疹（不过通常反应很轻，一旦停食，症状马上就会消失）；朝鲜蓟补品用于胆管堵塞或胆囊疾病的患者，也有可能出现问题。如果你有上述情况，请在经验丰富的医生的建议下食用朝鲜蓟。

● 种植

朝鲜蓟使你的阳台让人肃然起敬，此外，它还是高品质的蔬菜（除非它长得太高而开始呈倒伏——夏末时应该准备好支撑物），因此很容易种植。你可以把它放在一个装有肥土的温暖花盆中，经常浇水。如果气候温和，它每年都会发芽，但是在四季分明的地方，很可能每年都需要播种。植物的底部会长出侧枝（虽然不是在第一年就长），你可以把侧枝从母枝中摘下，插入盆中，放置室内过冬。朝鲜蓟的种子繁殖很容易，早春在室内，晚春直接在花园中就可以播种。

● 收获朝鲜蓟

用剪刀或钳子从底部割下叶子（剪掉尖锐、带刺的顶端），捋成长条晒干。

南非醉茄

分类：茄科

（*Withania somnifera*）

这种缓和心境、减轻压力的植物来自古埃及，在花园里不太需要照顾。

梵语中南非醉茄的名字，意为"马汗"，这或许是因为南非醉茄根部的浓郁香气，也可能是因为它能增强性欲的美名。它在阿育吠陀医学中享有崇高的地位，因此它也被称作印度人参。

● 描述

这种柔嫩的多年生植物生长于炎热、干旱的印度平原，它的形态很像西红柿，不过它的叶子是亮绿色的，光滑，呈卵形。它形状浓密，长、宽可至3英尺。它的小绿花，会长成如同包在纸盒里的闪亮的橙红色果实。果实很苦，但可食用。

● 制剂及用法

你可能会发现，传统医药学里，草药总是几种配合在一起成为滋补品，南非醉茄也是一样。例如，在商业配方中，它常和人参配在一起。因此，当你使用该产品时，请遵照标签的用量说明服用。如果用汤剂，每日取3~6g南非醉茄根部，早晚服用半杯到一杯。南非醉茄的果实可当作凝乳酵素在奶酪制作中使用。

● 治愈功效

在印度，南非醉茄是延缓寿命、增强体力、提高生殖力、男性活力以及其他许多能力的广受欢迎的草药。它在印度的地位，如同人参在中国的地位。今天许多西方国家的草药师，推荐用其根部做成补药，来对抗有害压力，从而获得"轻松能量"的感觉。它的处方经常用于因生活方式变化带来的身体不适、不育症、阳痿、疲劳、失眠和关节炎。

科学研究表明，南非醉茄的根部有抗炎和抗氧化作用，能促进免疫系统、内分泌系统、心肺系统和神经系统的平衡。因此，南非醉茄也是一种调理药，可帮助患者免受压力、维持健康。另一些研究表明，食用南非醉茄能增加尿量，显著降低血清胆固醇、甘油三酯和血糖水平。

虽然支持南非醉茄传统功效的人体实验不多，但是那些已经进行的实验证明，长久以来的传统用法是有效的。

● 安全性

还没有研究显示短期使用南非醉茄有何安全隐患，也没有医学文献记录报告其在临床上有何副作用或抗药作用。一直以来，人们认为（虽然未经证明），南非醉茄即便长期食用，也是安全的。所有草药，尤其是空腹食用草药时，最常见的副作用是消化不适和轻微过敏反应。南非醉茄也可能具有同样的副作用。

● 种植

这种柔软的多年生植物喜欢炎热、干燥的天气，因此，种植南非醉茄，应选择全日照的排水良好的一般性或沙质土壤。在极其炎热或干旱的条件下，南非醉茄才需要灌溉。除非你居住在靠近热带或热带地区，否则应该把南非醉茄当作一年生植物对待。因为，即便是冬天一场轻微的严寒，南非醉茄都不会存活。如果你喜欢，可以把它种在一个大花盆里，把盆移到南墙脚下。如需繁殖，可通过扦插或播种，但请记住，发芽需要光线和华氏70°以上的温度。

● 收获南非醉茄

冬季过后或当年（如果你住在足够温暖的地方，你的南非醉茄能够越冬的话）的第一场霜冻过后，南非醉茄的根就可以收获了。根部会在寒冷、潮湿的土壤中腐烂。地面部分有时也在传统阿育吠陀中做药用，但它们都比较苦（尤其是果实）。果实变红成熟，就可以采摘了。在阿育吠陀药学中，根部往往要先在牛奶中煮熟再晾干。不管你是否遵照这道程序进行，晾干前务必把根切成均匀的小片。

黄芪

分类：豆科

（*Astragalus membranaceus*）

黄芪常用于防治重大疾病的配方中，是一种功能强大的提高免疫力的植物。

早在2000多年前的中国，黄芪作为一味补药就已被列入《神农本草经》中。事实上，黄芪是提高免疫力的经典草药。在13世纪，元朝人创造了一种人参、黄芪组合（"补中益气汤"）的补药，而现在，这道药还被人们用来增强体力和耐力。虽然黄芪根在中国被当作文化瑰宝，但它已穿越国界，来到西方及全世界的医药体系中，被视为可以"恢复身体正常状态"的"超级草药"。所谓"恢复正常"就是：经常使用黄芪，能帮助人们修复体内可能引起疾病的潜在隐患——如癌症和慢性疲劳等疾病。

● 描述

黄芪如果没有固定在杆子上，一般为伏地蔓生，不过，长时间后，黄芪也能直立生长。这种植物看上去很像豆类：它具有典型的羽状复叶和黄色小花，花谢后会变成一个个豆荚。它能长到3～5英尺高。

取9～15g干黄芪根，切片或切条。你可以取4～5片中等大小的黄芪片，加4杯水和其他补药（如甘草）一起用小火煨，早晚各饮一杯。如购买成品，请遵照标签的说明服用。

● 制剂及用法

按照中国的传统做法，把黄芪根加在汤里或菜肴里，可强化其滋补作用。在食品和草药商店，你能找到黄芪根的半成品（干燥的黄芪片是成包卖的）来做成汤剂，还可以购买萃取品、药片和胶囊。

● 治愈功效

研究显示，黄芪根部的成分有助于保持染色体终端的颗粒长度，从而减缓动物细胞的衰老进程。较长的染色体终端意味着人比较长寿，这也许就是黄芪在中国传统文化中占有尊贵地位的原因吧。

黄芪促进白细胞的产生，帮助人体制造抗体和干扰素来对抗感染。草药师会建议经常感冒、疲劳，或者四肢乏力（当手和腿感觉沉重的时候）的人服用黄芪。由于黄芪的常规性使用，它被认为是帮助人体增强免疫力、预防和抵抗癌症及慢性病毒症状的最为重要的草药之一。在大病、久病过后的康复阶段，医生尤其推荐使用黄芪，因为它能促进养分的消化和吸收。如果是慢性疾病，应3个月到数年间每日服用黄芪。虽然，黄芪在医学实践中占有主流药物的地位，还有待更多严谨的人体测试，但是，即便没有这些测试，黄芪仍然在许多领域中被广泛使用。

● 安全性

黄芪的安全隐患很小，而且它在妇女怀孕期间也没有禁忌。不过要注意的是，在传统中医中，滋补药材被认为能增强免疫反应，随之会增强病症的表现，因此，在感染的急性发热期间，黄芪往往是应当避免的。

● 种植

黄芪原产于蒙古、中国西北的森林和草原边缘，生长在干旱、沙质的土壤中。因此，你最好也为它创造相同的条件：全日照，还有厚厚的、排水良好的沙质土壤（排水不畅会导致冬天烂根）。请朝纵深疏松泥土。这种多年生植物能轻微耐旱，不需要施肥，不过，它容易受囊地鼠的侵害，因此要设网防范。黄芪种子在培养期需层积处理、破皮或浸泡一个晚上。黄芪是早春你能在阳台或花园冰冷的泥土里种下的第一批植物，发芽率相当稳定——或者，你也可以在秋天播种，春天发芽。黄芪能耐炎热和严寒。

● 收获黄芪

等到生长期的第四年或第五年的秋季黄芪枯死时，采挖黄芪的根部。黄芪的直根很长，所以要使用掘土叉。切片或切成均匀颗粒后晾干。

罗勒和圣罗勒

分类：唇形科

（*Ocimum basilicum and O.tenuiflourm, syn. O. sanctum*）

> 把圣罗勒的叶子轻抹在被蚊虫叮咬的地方，皮肤顿时感到清凉无比。

可烹饪的罗勒种类繁多，它们名声在外，对现代烹饪贡献巨大，赢得了人们的青睐。但是，现代人的爱远比不上古希腊和罗马时代人们对罗勒的爱，那时，罗勒只有贵族才能种植。在印度，罗勒的近亲——圣罗勒，是神圣的印度教大神毗湿奴妻子拉克希米的化身。家家户户在门外种植圣罗勒，把它当作灵丹妙药，用它来寻求好运。

描述

绝大多数人都能认出烹饪用的罗勒叶，它长在菜地里，有又大又嫩的卵形叶子和多汁的茎部。圣罗勒也差不多，并且除了在最热的地区外，圣罗勒通常体形更小、更强健。绿色或紫色的叶子通常更小，茎部更硬（靠近根部的地方几乎为木质），常常带紫色。在炎热如圣罗勒的原产地印度这样的地区，圣罗勒可高达2英尺。蓝紫色的繁花不断，还来不及摘下，下一朵就盛开了！

制剂及用法

或许不用我们说，你就早已知道，随意地在你的美食中添加罗勒，添加多少都可以！也没有必要提醒你，在罗勒正当季的时候，尽情地享受香蒜沙司的美味吧！你还可以用烹饪罗勒来沏一壶香茶，或者把罗勒泡在油里，当作护肤品使用。用它洗个芳香润滑的药澡，也是个美妙的享受。而圣罗勒则用来制成芳香诱人的茶剂、酊剂、精油和药膏，在商店里，你可以找到这些提纯物。建议每次服用胶囊2粒，每日2次。

治愈功效

罗勒被认为是一种有助消化和镇静神经的植物（一种能影响神经系统的植物）。在欧洲一些国家，圣罗勒是作为抗真菌的外用护理剂，用来治疗脚癣和作驱虫剂使用。在南美，罗勒用来治疗呼吸道感染和风湿病，还用于缓解恶心和疼痛。

圣罗勒在阿育吠陀医学中被广泛地用于长寿补品，作为适应剂用于缓解压力和紧张，治疗上呼吸道疾病，例如支气管炎。研究表明，它具有较强的抗细菌、抗真菌、免疫调节和抗炎作用，并能减少糖尿病患者的血糖水平。草药师推荐它用于各种焦虑症，研究结果还表明，使用罗勒来保存食物是安全的，应当推荐。

圣罗勒中的挥发油中含有丁香酚物质，这种丁香酚物质的抗炎特性已经被广泛地研究。许多草药师和医学研究者相信，绝大多数人——如果不是全部的话，体内的慢性疾病都是慢性炎症的结果。这就意味着，要想长寿健康，圣罗勒是你最好的草药选择。

● 安全性

罗勒和圣罗勒都是全世界广泛、经常使用的香料，这也从侧面证明了，它们是安全的自愈草药。一些人担忧它们会和血液稀释剂及其他药物相互作用，但这些顾虑也只是停留在理论上而已。作为茶剂或食材，两种罗勒都是安全的。妇女在怀孕期间要慎用罗勒和圣罗勒。

● 种植

两种罗勒都需要温暖和充足的阳光，需要大量腐殖质和肥沃土壤以及定期的灌溉。如果隔年你在同一个花盆种植罗勒，记得要好好施肥。圣罗勒对霜冻敏感，但比罗勒更耐恶劣天气和干旱。它会自己结种，会在冬季枯死，然后第二年夏天发芽。除了在热带，罗勒在其他地区都是一年生植物。种植时，两种罗勒都要掐掉花枝，以刺激叶子生长、繁茂（当几种植物种在一起时，这能防止圣罗勒杂交）。如果植物缺乏良好的空气流通，有可能发生真菌性病害。繁殖时，在温暖的阳台或阳光充足的窗台，或者在泥土回暖时直接在花园中播种。把种子轻轻地按进泥土里即可，无须用土覆盖。

● 收获罗勒和圣罗勒

用手指捏住叶子和茎部采摘罗勒，花朵也可放进药茶或药剂里。两种罗勒采摘后都要保持凉爽，因为一旦受热，它们就容易变黑。干燥之前，要去除较粗的茎枝，并请记住：罗勒叶干得很快。要确保用于干燥的温度不是太高。最好把干罗勒放置避光的地方，因为暴露在阳光下，罗勒会变黑或变成褐色。两种罗勒都适合冷藏。

牛蒡

分类：菊科

（*Arctium Iappa*）

牛蒡能增加你身体的能量，增强你的免疫力。

如果你住在美国的东部地区，你可能知道这是一种"草"，即便不知道它是什么草。牛蒡在美国的许多地区都被认为是入侵物种，它在世界的许多地方，尤其是夏天多雨的地方，不断自发蔓延。牛蒡根在亚洲市场有卖，在超市里的产品部它被冠名"gobo"（日语的"牛蒡"），它的叶子已经成为千百年来的主食。1948年，当瑞士发明家乔治·德·马斯特罗发现牛蒡的毛刺挂在他家的狗身上的时候，魔术贴的灵感就诞生了！

● 描述

牛蒡是一种体形粗大的两年生植物。第一年时，拥有硕大、粗糙的心形叶子；第二年时，长出一簇簇的花梗，上面带着紫色的蓟花，这些蓟花慢慢成熟，长出毛刺。某些品种的牛蒡，如果条件适合，会在第一年即可看到蓟花和毛刺。它的高度至少1英尺，修长时高达8英尺，宽达几英尺。

● 制剂及用法

牛蒡根可制成汤药、酊剂或牛蒡干。酊剂取1/2～1茶匙，加水服用，每日数次。汤剂用法：取10～30g牛蒡根干制成汤剂，每日饭前服用1～2杯。含有牛蒡根提取物的胶囊或药片应遵医嘱服用。

● 治愈功效

牛蒡的根部和种子对于免疫系统和消化系统具有加强作用。有一类草药叫作"变质药"，这类草药被认为能够帮助人体保持动态平衡（一种稳定、健康的内部环境）。而牛蒡就是这类草药的代表。牛蒡能帮助人体维持血糖和免疫平衡。日本料理经常使用牛蒡，有一道日本名菜就叫"炒牛蒡丝"。作为日常饮食的一部分，牛蒡根被认为能提升能量和活力，是益气补虚的良品（"气"在传统中医和中国文化中意为"能量"）。

牛蒡在西方的草药学中既做变质药，也做免疫系统药，被广泛用于茶剂和提取物中，用于缓解肝脏淤血和脂肪消化困难。牛蒡根和籽也被推荐用于风湿关节炎、痛风和预防癌症（研究发现，牛蒡根具有抗癌特性）。在中国传统中医实践中，牛蒡籽可用来治愈皮肤疾病，如痤疮、疖和湿疹。

● 安全性

牛蒡是安全的，在使用上没有限制，适用于所有年龄段的人群，在妇女怀孕期间也没有禁忌。

● 种植

牛蒡虽然偏爱碱性土壤和充足的阳光，但它几乎能适应任何土壤或生长环境。它喜爱室外和填土，不需要肥料，但必须有稳定的水分。牛蒡为种子繁殖（直接播种很方便，只需在秋天剥开成熟、干燥的种球，把里面的种子撒在花盆里即可）。牛蒡种子能够越过寒冷的冬天，也可以为种子进行层积处理。

● 收获牛蒡

请在第一年等牛蒡枯死后挖掘根部，或者在次年春天花柄长出之前挖掘根部。收集种子的时候，注意种子上面有细小的绒毛，这些绒毛会刺激皮肤。因此，务必戴上手套，穿长袖衣服，如果是大面积收获，甚至要戴上护眼罩。打开干燥的种球，取出种子，或者使用清种机分离种子。把种子放进纸袋，放置在干燥的地方，要经常晃动纸袋以驱散潮气。一周后，种子就可以妥善保存了。对牛蒡根的处理，要把根部切成均匀的小片进行干燥。干燥时需要相对高的温度，彻底烘干。

金盏花

分类：菊科

（*Calendula officinalis*）

金盏花是点燃花园的一束亮橘黄。

不管盛开的是明亮的橙色还是阳光般的黄色，金盏花是你花园草药箱中最重要的成员之一：它们芳香的花朵可以制作精油和药膏，治愈各种皮肤损伤。一旦你种下它，金盏菊就会在每个季节盛放，点亮你的阳台。

● 描述

这种美丽的一年生植物，每年都会自身传种。它的橘黄色或黄色的类似雏菊一样的花朵，沿着绿色、肉质的枝茎绽放。它的花朵从夏季开始盛开，一直到冬季结冰时节（在非洲炎热的原产地，金盏花甚至全年开放）。这种植物可长到近2英尺高，往往是在阳光普照、天气干燥、温度较低或者即将有雨的时节开花。

● 制剂及用法

用刚刚干燥的金盏花朵做成乳霜、药膏、擦剂、茶剂、酊剂或精油，或者直接把金盏花头状花序放入浴缸中，用来舒缓受刺激的皮肤。如需内服，取1～3滴的酊剂溶于水，每日服用数次。在沙拉、涂抹酱和其他菜肴上撒些新鲜花瓣，为美食增添一抹自然生动的色彩！

● 治愈功效

用整个头状花序（而不只是花瓣）来制药，可愈合割伤、擦伤、烧伤、晒伤、尿疹、生疮、溃疡、静脉曲张、皮肤和嘴唇皲裂干燥和虫蚊叮咬。人们早已知道，金盏花是对付这类皮肤问题的良药，因此，金盏花的药膏、精油、面霜和其他制剂在药店和类似的天然食品店都可以找到。科学显示，金盏花头状花序的提取物具有抗炎和抗菌作用。草药师很早以前就建议，使用金盏花来愈合消化道溃疡、舒缓胆囊发炎和治疗淋巴酸肿。研究发现，金盏花有抗疱疹病毒的作用，它做成的乳霜常用于缓解疱疹溃疡炎症引起的疼痛。

● 安全性

和菊类家族一样，金盏花含有倍半萜化合物，所以一些人对金盏花过敏。如果你有过敏性皮肤反应或对食物与环境异常敏感，那么在服用金盏花时，应从小剂量开始，如果服用后没有任何反应的话，可逐渐增大剂量。

● 种植

这种美丽、灿烂的花朵需要充足的阳光——或者在炎热地区部分遮阴，还需要中度的土壤、适度的雨水。如果花朵数目减少，你可以修剪植株，甚至可以大幅度地裁剪枝叶来增加花朵的产量。金盏花在许多花园里自身传种，可以密集栽培。直接播种时间为早春或晚秋，因为它可以忍耐轻微霜冻；如果幸运的话，它会安然度过寒冬！

● 收获金盏花

　　采摘金盏花头状花序应该在炎热、阳光充足的时间进行，这时它们含有最好的树脂含量。定期采摘，能避免植株将养分流向种子。一旦养分流向种子，剩下的花朵就会变小。在早上11点之前采摘刚刚开放的金盏花，摘下后马上晾干，要确保花朵的中心也干透。花朵成形也是一个普遍的问题！要留意金盏花干重新吸收水分，因为金盏花容易在光照中褪色，因此要把金盏花放置于完全黑暗的地方。

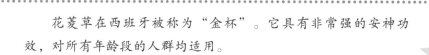

花菱草

分类：罂粟科

（*Eschscholzia calfaornia*）

　　　花菱草在西班牙被称为"金杯"。它具有非常强的安神功效，对所有年龄段的人群均适用。

　　当广阔的山坡和田地被这种鲜艳的色彩点亮时，花菱草，这种加利福尼亚的州花，是春天里一道亮丽的风景线。有时，在金色的加州，这种花也被视为"金子"。这种美丽、低矮的野花会为你的花园增添色彩。播种花菱草，能年复一年地为你带来美丽景象和治愈功效。

花菱草迷人的灰绿色、淡红色的羽状叶子上面，是长长的花茎，顶端盛开着金黄色的杯形花朵。直到第一场霜降，花朵才会枯萎。花开过后，是修长的矛状种荚。它的亮橙色半透明的根部含有比叶子高达2倍的活性化合物。

● 制剂及用法

花菱草的全身都可以入药，但根部是最有用的部分。服用草药茶时，取2～4滴或1茶匙的酊剂，加入少许水，每日服用3～4次。儿童失眠，可在夜晚服用1～4滴。茶剂相当苦，但可取1杯开水，倒入1～2茶匙干草药，煮10分钟。如购买成品药，请遵照标签说明服用。

花朵可食用，夏季盛宴中可用来装饰沙拉、盆菜和甜品。

● 治愈功效

花菱草茶最早是美洲印第安人用来平缓婴儿焦躁、促进婴儿睡眠的。花菱草的根部含有许多麻醉生物碱，研究表明，它能够放松平滑肌，尤其是子宫和支气管气道的平滑肌，治疗痛经和痉挛性咳嗽。

花菱草茶、酊剂和其他药方都被草药师推荐，来缓解焦虑、紧张、胃痛和子宫痉挛、支气管收缩。花菱草可以促进健康睡眠，是一种温和的止痛药。医务人员用它帮助患者慢慢减少处方药，使他们不再依赖药物，还用它来治疗儿童多动症。

● 安全性

花菱草只有理论上的安全问题。例如，因为花菱草的提取物有轻度镇静作用，所以有人认为，花菱草会加剧药物的镇静效果，不过，在实践中这不太可能发生。一项对264个患者连续3个月的临床跟踪研究显示，花菱草、山楂和镁元素的组合可以治疗中、轻度焦虑症，它和安慰剂一样安全，甚至比安慰剂更有效。花菱草在孕期的安全性还有待研究，但据了解，目前还没有有害的影响。

● 种植

　　这种原产于加利福尼亚的植物喜欢温暖、干燥、沙质的土壤和充足的阳光。你可以在活动生长期给它稍微浇灌，不过在花期，最好让它处于干燥的环境。切勿施肥过量。在温暖的气候条件下，如果它开花过后看上去无精打采，你可以把它割下，重新种在土里，并给它浇些水。花菱草移植效果不好，因此应采用种子繁殖（层积处理很有用）。请在秋季或早春直接播种。你将会发现，在温暖、干燥的气候里自身传种非常容易。当花菱草与其他花草一起种植时，要在花菱草周围留出12～16英寸的空间，以便它伸展。

● 收获花菱草

　　在花菱草仍在开花、种荚还在时，采集花菱草的地上部分或整个植株。秋天枯死后可以采挖根部。地上部分和根部晒干时要分开，否则地上细小的部分会太干。花菱草尤其是地上部分，很容易被阳光晒坏。储存花菱草时要小心呵护，如果放在密闭容器中，能够保存18个月。

猫薄荷 ✸

分类：唇形科

（*Nepeta cataria*）

　　将猫薄荷轻擦在皮肤上，能驱赶蚊虫；若细细地剁碎它，将它放入烹饪酱料中，会得到一种淡淡的薄荷的颜色。

有谁不知道猫薄荷的名声呢？实际上，这种植物只会让2/3的猫产生精神错乱之感，而这又牵涉到很多因素。但是，猫薄荷中吸引斑猫的化合物（荆芥内酯）也对杀虫起到了作用。许多非避蚊胺喷雾剂中都含有猫薄荷。如果你不愿意猫薄荷把你的猫咪弄得神魂颠倒，那么，可以用一只金属丝做成的篮子倒扣在猫薄荷上，罩住猫薄荷。

● 描述

这种生命较短的多年生植物能长到3英尺高，体态比较瘦长。它有灰绿色的心形叶子、小白花、硬梗和浓郁的香气。你可能会发现，它在沟渠和牧场等阳光充足的松土里，能够自身传种。它既不怕冬天的严寒，也能忍受高温。

● 制剂及用法

可以把猫薄荷塞进老鼠公仔中，让你的宝贝猫咪玩个痛快；还可以用猫薄荷茶给爱猫洗澡（它们会很乖的），这样可以除虱。若给儿童服用，制成1夸脱的浓泡剂，服用数日至一周，可治疗与感染有关的发热。你还可以在2杯水或者胡椒薄荷溶液中，添加1茶匙的猫薄荷酊剂，每次服用1/2杯。

● 治愈功效

用猫薄荷做成的茶水口感香醇，若是加一点点糖的话味道会更好，很适合挑食或有疝气痛的小孩儿。它还对小儿退热、平缓不适具有疗效。由于发烧是儿童免疫反应的重要组成部分，因此，在不得不使用强效的药物之前，猫薄荷溶液就是很好的选择。每日给儿童（5岁以下）喂食猫薄荷与蜂蜜的混合溶液5茶匙，如果高烧持续，试着给儿童洗一个快速冷水澡，或者用猫薄荷冷敷并内服猫薄荷茶剂。我们推荐用猫薄荷和柠檬香蜂草，或与其他任何一种薄荷混合使用，例如胡椒薄荷或留兰香。这样能够提高药效、增进口感。

安全性

猫薄荷目前还未发现有安全问题，对于儿童来讲是安全的。虽然没有证据，但一些权威专家禁止妇女怀孕期食用猫薄荷，因为猫薄荷的传统疗效是用于调节月经流量的。

种植

除了非常软烂的泥地，猫薄荷在任何土质都生长良好，包括干性、沙性和砾质土壤。给它充足的阳光并部分遮阴，保持干燥，这样能增加香叶中香精油的产量。每次收割后，把所有的地上部分割除，或者至少割除一半，这样第二轮的生长会来得更快。这种植物生命短暂，但在花园中往往能够自身传种。你还可以通过播种（它需要温暖的土壤和阳光来发芽）、扦插或分根来繁殖。猫薄荷容易出现蓟马和粉虱虫害，但不影响其药用价值。

收获猫薄荷

在猫薄荷的花期采摘健康、未发黄的叶子或嫩芽。采摘时动作如果不够轻盈，容易损伤叶子。第二年的收成往往最好，而花期盛季刚过，花朵开始变褐色的时候，猫薄荷的药效也最强。采摘时，如果你皮肤敏感，需要戴上手套，如果大面积采摘，甚至要戴上防尘口罩（这是一种很强的镇静剂，长时间的皮肤接触后，会在你嘴中留下金属的味道）。干燥时，务必只取其叶子，不要把茎也混进来，因为猫薄荷的茎干得很快。

卡宴辣椒

分类：茄科

这种辣椒很辣！它是减缓带状疱疹疼痛的处方膏药，还有利于心脏和血液循环。

谈到最近炙手可热的草药——这一款又热又辣。哥伦布发现新大陆后，把卡宴辣椒（即现在的川椒）从新大陆运回欧洲。它的主要成分是辣椒素，这种活性成分常用于个人防护喷雾剂和动物驱虫剂。经过人工培养、选择后，辣椒出现众多的品种：有的辣椒火爆劲辣，如泰国辣椒；有的不温不火，如柿子椒。红椒粉就是用某种和卡宴辣椒相近的辣椒来做的，而塔巴斯科酸甜酱是用小米椒来做的。

● 描述

这种辛辣的植物是原产于南美的一种常年生灌木，但如果在北方，它可以变为一年生。卡宴辣椒和辣椒类其他成员很像，如甜椒，树形茂密紧凑，而它则拥有更加小巧、发亮的矛形叶子。它能长到2英尺高，花朵为小巧的星形白花。花开过后，紧接着是绿色的果荚（果实）。果实随着成熟，逐渐由绿变红或变黄。

● 制剂及用法

用于胶囊、药片或酊剂，或者撒在食物上面。

取卡宴辣椒粉1~4茶匙，每日2次。如用酊剂，取1~4滴，每日2~3次；如用泡剂，取1茶匙新鲜研磨的干辣椒籽或辣椒，倒入1杯开水，静置10~15分钟使其溶解，让草药充分浸渍。加入蜂蜜和柠檬汁，根据需要饮用。

● 治愈功效

卡宴辣椒是一种重要的循环系统草本植物，它在20世纪早期被草药学家推崇备至，尤其是著名的医生约翰·克里斯多夫，更是夸它包治百病。他的儿子大卫告诉我们，他的父亲常常在其他人面前大把大把吃辣椒，镇定得一声都不吭，他甚至还能把辣椒放进眼睛里，观众看得目瞪口呆。他推荐用卡宴辣椒来改善消化，降低胆固醇，增益心脏、血液和血管，并减轻体内的各种疼痛，如关节痛、消化痛、神经痛和头痛。他还建议把卡宴辣椒涂抹在皮肤上，用来治愈带状疱疹、神经痛和关节炎。如今，卡宴辣椒的主要成分辣椒素，被放进许多治疗带状疱疹疼痛和关节痛的药方中。在皮肤上涂抹卡宴辣椒能刺激内啡肽，阻隔引起疼痛的化学物质，这时，你会有一种幸福甚至是兴奋的感觉。

● 安全性

要避免卡宴辣椒进入你的眼睛（不错，卡宴辣椒可以入药治疗白内障，但请不要在家里实验）。它的活性成分很容易转移到你的手、口、生殖器等器官的黏膜上，因此处理辣椒时请戴手套，处理完毕要彻底洗手。辣椒的辣味实际上集中于白色蓬松的部分（所谓的胎座上），而不是一般人以为的那样——在种子中。

● 种植

这种热门的辛辣果实需要充足的阳光、炎热的气候和漫长的生长期。它需要适度的水和沃土。要种植卡宴辣椒，请在春天的温室或在阳光充足的阳台或窗台上播种（可以把种子破皮，或浸泡在赤霉酸溶液中以助其发芽）。把它放置室内并处于阳光照晒的地方，或者天气回暖后放置室外，在移植之前，确保卡宴辣椒已经长得比较强壮，适合室外生长（每天增加放置室外的时间，以让卡宴辣椒适应室外的环境）。在植株的周围留出1~2英寸的间隔，如果生长过程中呈倒伏，要用棍子支撑植株。铺盖地膜的效果更好。

● 收获卡宴辣椒

从植株上轻轻割下卡宴辣椒的果实，而不是用力拉拽，务必戴上手套。红辣椒一般放在斜板或山坡的太阳下晒干。可以把风干机或烤箱设置到最低温度，将其整个放到里面进行脱水，或者将它们的茎捆在一起，挂在闷热的厨房梁上晾干。

黄春菊

分类：爵床科
（*Matricaria recutita and Chamaemelum nobile, syn. Anthemis nobilis*）

彼得兔的母亲说得对：这种迷人的鲜花能舒缓恶作剧的小肚肚，抚慰不安分的小朋友。

市面上你能找到的绝大多数的黄春菊，都是追随者更多、研究得更彻底的德国黄春菊，而不是罗马黄春菊，德国黄春菊也绝对美味一些。两种黄春菊在使用方法上很相似，但罗马黄春菊更苦一些，它的舒缓效果也不如你对黄春菊期待的那样好。在商店的化妆用品中，常常能找到罗马黄春菊的身影。

● 描述

德国和罗马黄春菊的使用方法差不多，而在花园中，它们也常常被混淆。德国黄春菊可以长至6～24英尺，拥有羽毛状的叶子，小巧、多瓣的雏菊般的花朵，还有令人愉快的香味。罗马黄春菊看上去差不多，只是植株更矮一些，一般属多年生植物。德国黄春菊虽然是一年生，但在温暖的气候里，也属于多年生植物。

● 制剂及用法

德国黄春菊制成的茶剂是如此令人心旷神怡，以至于它成了黄春菊的标准配方。酊剂、胶囊和药片形式的精华素也非常流行。

黄春菊制药成功的关键在于，不管是新鲜黄春菊还是黄春菊干，都要尽可能地使用刚刚采摘的植物——这时，没有比从自己的阳台上采摘的黄春菊更加新鲜啦！要一次制成1夸脱的溶液，取2～4盎司的带花干草，加入新烧的开水。每次服用1杯，每日3～5次。假如使用酊剂，加1/2茶匙酊剂于1杯温开水中。

● 治愈功效

黄春菊在缓解消化问题上名声响亮。德国黄春菊在西班牙被称为"manzanilla"，拉美地区的每个父母都知道它在平缓和安抚儿童情绪上的功效。草药专家推荐使用茶剂来缓和肠道痉挛和刺激、消化不良、溃疡和腹痛，以及精神紧张、失眠、发热和儿童的长牙期不适。它还能缓解肌肉痉挛，流感造成的疼痛，如头痛、神经痛，以及晕车症状。黄春菊还可以外用。黄春菊茶剂可以用来清洗眼结膜炎，并被做成商品及自制乳霜，治疗皮肤炎症、烧伤和叮咬。

● 安全性

对黄春菊的过敏反应不多见，绝大多数医者认为黄春菊对于幼儿和孕妇也是安全的。

● 种植

　　黄春菊喜潮湿、光亮、沙质、排水良好的土壤，并偏爱多个植株挨挤在一起。要种植黄春菊，应该在早春时种下，因为这样就能在花开受阻的火辣炎热季节到来之前，收获黄春菊。把种子轻按入土壤的表面，并保持土壤湿润。可以直接把种子播种于花盆或者室外的土壤中，在充足的阳光下部分遮阴。要确保植株经常浇水，以避免植株长得太高、开花率降低。定期采摘，否则开花频率会减缓或者停止。如果植株长高变乱，花朵产量减少，请进行修剪或齐地剪平，施轻肥，慢慢等待新一茬的花朵绽放。它们能耐霜寒。

● 收获黄春菊

　　在清晨气温凉爽时，开始收获黄春菊。如果你不得不在高温下采摘，切记花朵在堆积的时候温度会快速上升，因此务必把花朵保存于阴凉处。如果有的话，可以用蓝莓耙或黄春菊耙。要确保经常采摘：花季初期，每隔7～10天采摘一次，在盛夏，每周采摘数次。摘下后立即晒干，否则它们会很快腐烂。

聚合草

分类：紫草科
（*Symphytum officinale*）

　　尿囊素是许多促进伤口愈合的非处方药的常见成分，而聚合草是尿囊素的来源。

聚合草有一个广为人知的外号"缝骨"，这个外号暗示着它惊人的愈合断肢的能力。在公元1世纪聚合草被希腊著名医生迪奥斯克里德斯用作伤口愈合药。"聚合草"在西方的名称源自罗马术语，意为"结合在一起"。尽管聚合草在过去被人所知，并曾引起过争论，但如果你遵照正确的指引来使用，它是绝对安全的。此外，要确保你不会把外表相似的俄罗斯紫草当作聚合草，因为它含有大量的有毒生物碱。

● 描述

聚合草是一种富有生机的、耐寒的多年生植物，拥有毛绒的大型矛状叶子和夏天悬聚在弯茎下的粉红或紫色的钟形花朵。聚合草的根是肉质分叉根，外黑内白，有许多黏液（如果把叶子从茎上摘下来，你会发现里面也有很多黏液）。它生长迅速，容易蔓延，就算是被丢弃的短小的根，也会从中长出芽来。这会让园丁兴奋地惊呼或绝望地叹息："一旦种下聚合草，永远长满聚合草！"

● 制剂及用法

你可以把聚合草的根或叶子磨碎混合，略加水调成黏滑的糊状使之变成药膏，待黏糊慢慢变干时，往里面添加粉末。如有外伤，需按照草药师的建议使用，把膏药涂在伤口的周围，可用于治疗破损的皮肤。

聚合草是所有药膏和乳霜中最受欢迎的原料之一，做成酊剂和茶剂也很好。聚合草的根含有丰富的黏液，可溶于水但不溶于油。另外一种重要的化合物尿囊素，是一种伤口愈合物质，这种物质主要集中在根部，少量集中在叶子，可在果汁、根浆或粉末中保持高浓度。

● 治愈功效

聚合草很久以前就作为外用药来医治从皮肤到骨头的所有外伤，它被用来治疗烧伤、虫咬、蜇伤、割伤、拉伤、扭伤和骨折；聚合草还可以内服，治疗肺部、肠道和尿道问题。

● 安全性

现在，外敷是聚合草最为有效的用法，内服则不被推荐，它含有和肝炎的毒性有关的生物碱。这种吡咯里西啶生物碱只有轻微的毒性，不过，我们知道，其他的物种也含有不同水平的PAs高度毒性（在地榆这种植物里，嫩叶和根部所含的PAs最高）。近年来，人们中断了含聚合草的商品的生产，原因就是当植物被研成粉末，加入胶囊或药片的时候，就很难断定药品里面究竟有哪些植物种类。

如果妇女在孕期或哺乳期，请避免食用聚合草。不要口服聚合草超过1周，或1年超过2次。要确保始终在专业的草药师指导下服用。我们不建议内服或外敷在破损的皮肤上。

然而尿囊素却是一种安全有效的细胞增殖剂。不要把尿囊素涂于未固定好的断骨，也不要涂于未清洗干净的开放性伤口的深处，因为尿囊素会在底层组织还未完全愈合时，就令表面伤口愈合，促使底层的炎症不能治愈。

● 种植

聚合草原产于湿润的北欧沼泽地区，实际上，如果你给它充足的水分，它会茁壮成长、迅速蔓延。它喜欢肥沃的土壤，但即使是种在花园或是阳台上的任何花盆，不管是有阳光还是没阳光，它都能长得很好。聚合草适应能力极强，可以多个植株挤挨在一起，除了极端干旱的条件外，几乎没有什么能够阻止它蔓延。正是这个原因，聚合草适合室内或室外盆栽。聚合草种子很难发芽，而且发芽期很不稳定，不过分根繁殖则超级容易，即便是很小的切片也能繁殖。

● 收获聚合草

植株花期刚开始时，聚合草叶子的质量最好。你可以连续、长期地齐根割下，然后它又会马上长出新一茬的叶子。如果你对聚合草的毛绒过敏，应戴上手套。在秋天，等到聚合草枯死，挖下根部，第二年它会再度生根。要把聚合草的根全部挖走绝非易事，因此，就算自以为已经把根清理得干干净净了，它还是会再长！干燥聚合草叶时，要时不时地翻动，因为它们经常黏成一片，而且容易变黑。根部干得很慢，因为里面的黏液很多。可以把根部切成均匀的小片，放在烤箱里干燥，效果更好。

紫锥菊

分类：爵床科

（*Echinaccea purpurea and E. angustifolia*）

这是世界上最著名的增强免疫力的补药，可用于预防和治疗感冒、感染。

20世纪90年代初期，紫锥菊受到了意想不到的追捧，草本行业因此赚得盆满钵满，还导致了这种植物的过度种植和采摘。这种北美植物的根部、花朵和叶子，是由北美印第安人介绍给白人定居者的（它是一种治疗蛇毒的重要药物），并很快引起了20世纪初的医生的关注。

因为紫锥菊的过度种植，在许多地方，紫锥菊已使当地的野生物种失去领地。因此，我们建议：种植紫锥菊，应以促进我们民族善于自我照顾的优良传统、促进保护野生植物为前提。人工种植的紫锥菊和野生紫锥菊，不仅具有同样的治疗功效，而且人工种植的紫锥菊在其活动性能上更加稳定。与野生菊相比，人工紫锥菊的遗传和化学变异更少。虽然在药用成分上略有不同，但是这两个品种可以通用，都是对抗普通感冒和流感的免疫刺激剂。

描述

这种美丽的常年生植物在花园和园林景观中都很常见。它高2~4英尺，花朵像棒棒糖一样挺立于叶丛中。花朵是漂亮的紫色大花瓣，围绕着多刺的圆锥形的花蕊。紫锥菊的叶子粗糙、尖细，呈暗绿色；狭叶紫锥菊叶形狭小，阔叶紫锥菊叶形较宽。现在，紫锥菊的花朵有各种颜色：黄色、橘色、红色和白色。因此，要满足花园的配色方案，总有一款适合你。不过，这些颜色品种的药用价值，还没有通过实验验证。

制剂及用法

紫锥菊酊剂一直是草药师的至爱，因此，你会发现它们随处可见。紫锥菊酊剂之所以随处可见是由于避免上呼吸道感染需要经常、定期使用紫锥菊来治疗，而酊剂正好满足了随身携带的要求。不过，另一个原因是，草药师认为，提取紫锥菊精华时，应该是新鲜的而不是干燥过的。这是因为，紫锥菊里面最为有效的化合物，在干燥之后很有可能变得不稳定，特别是干根、干花和干叶研磨成粉或者切碎后，会更加不稳定。而在酒精溶液中，活性化合物会稳定很多，酊剂如果避免日光暴晒或温度过热，保质期可以达到2~3年。

取2滴或1茶匙酊剂，每日服用3~4次，在感冒或流感多发季节服用2周，第3周停药，如此为一个循环，持续多次；或者在自我感觉疲劳或周围人都生病时，随时服用。紫锥花酊剂上面的说明标签上通常都写得非常保守，因此，在活动性感染期间，标签上的有效剂量应该是偏低的。

制作茶剂，取新鲜（或刚刚干燥过的）的切碎的根部、花朵和（或）叶子，每次1杯，每日2~5次。上等的酊剂包含了以上三个部分。这三个部分是在一年当中分不同时节采收的，分开制作，最后混合在一起。如需使用商业产品，请遵照标签说明服用。

治愈功效

众所周知，紫锥菊中的免疫刺激活性主要可用于治疗感冒。这已被反复研究和验证过。这种可以在家里轻松培养的原生花卉，可以制成许多无副作用、能减缓感冒症状和缩短感冒过程的天然药物。而据估计，在中国，每年就有大约10亿人要遭受感冒的折磨。由此可知，紫锥菊制药这个市场有多大。

近来紫锥菊流行的原因还包括，它能做到一些化学药品做不到的事情：有助于减缓感冒的严重程度，缩短感冒及流感的不适症状的持续时间，使我们能够继续日常的活动。它的清凉口感能给人带来神秘的感觉。而对于某些人来说，紫锥菊味道越浓越好！狭叶紫锥菊的根和籽都会给舌头带来强烈的刺痛感，而宽叶紫锥菊的籽与根、叶的组合，已成为许多药品制造商的标准制剂。

紫锥菊对于减缓感冒严重程度、缩短感冒持续时间的功效如何？自从20世纪30年代紫锥菊产品首次投放德国市场以来，人们做了许多相关研究。最近的研究表明，在感冒症状出现的第一时间，使用紫锥菊效果最好。经验也告诉我们，大量、频繁地食用紫锥菊，可能带来更多的益处。最强的免疫刺激不会持续超过3～4小时，因此，每几个小时服用2滴溶于水或茶的酊剂，直到得到最好的效果。紫锥菊的临床研究结果不一，有的表明紫锥菊药剂效果显著，另一些则没

有任何效果。剂量、草药是否新鲜、成品的质量、服用的频率和剂量，还有免疫状态、饮食和睡眠，都在药效上起着至关重要的作用。

紫锥菊还被广泛地推荐用于治疗各种皮肤疾病和皮肤感染：蜘蛛叮咬，蜜蜂、马蜂和蚂蚁蜇伤，动物咬伤，病毒感染，包括预防疱疹和缩短其症状，还有皮肤感染，如疮和痈。使用紫锥菊花来治疗和预防感染的伤口时，如外用，将紫锥花外敷，制成药膏或乳霜涂抹患处；如内服，每次服用酊剂或茶剂。胶囊和药片也可以，但效果较差。喉咙痛时，可使用酊剂来喷洒喉咙。含有紫锥菊成分的漱口水、牙膏和香皂都是值得一试的佳品。

● 安全性

紫锥菊没有确凿的副作用。但如果你有免疫性问题，如红斑狼疮，有艾滋病或HIV等免疫能力较差的情况，请谨慎使用紫锥菊，并且只有在草药师的建议下才能使用。

紫锥菊一些理论上的副作用包括：与免疫抑制剂治疗有相互作用。笔者比较保守，会反对妇女在怀孕和哺乳期使用紫锥花，但是许多草药师却尚无这方面的担心。曾经有一项著名的研究，让206名处于早期怀孕的妇女使用紫锥花，并未发现明显的问题。因此，笔者认为，孕期使用紫锥花应该是安全的。

紫锥花，和许多紫菀或雏菊家族的成员一样，偶尔会引发轻度的过敏反应。我们认为，紫锥花不应长期使用，而应在必要时使用，每次连续使用几周。毕竟，有什么必要长期去刺激免疫系统呢？如果免疫系统长期被打扰，它很有可能会停止正常反应。

● 种植

紫锥花源自美国的平原、开阔的草地、阳光充足的林地和大草原。狭叶紫锥菊总体的分布范围要比阔叶紫锥菊靠北。两种紫锥菊都喜欢充足的阳光或者部分遮阴，但阔叶紫锥菊需要的水分更多。两种紫锥菊都耐寒，并能忍受贫瘠、石质的土壤。可以尝试把几棵紫锥菊种在一起，形成特定的视觉效果，或者把矮化的品种种在花盆里。你可以使用播种的方法来繁殖紫锥菊，先进行层积处理或在秋季播种，如果你居住的地方冬天下雪，这种方法尤其适合。阔叶紫锥菊比较容易种植（虽然两种都要数周才能发芽），若对它进行分根，繁殖的也很好。你还可以进行分冠繁殖，此时要确保每一个你要种植的部分都有好几颗芽苞。

● **收获紫锥菊**

当紫锥菊的叶子在春天逐渐长大成形的时候，就可以摘下来了。花朵开始绽放的时候就可以采摘，但为了得到最佳的药效，还要等到锥形隆起才能采摘。在第三年或第四年，紫锥菊枯死后的秋季挖掘其根部。花朵要撕开干燥，根部要切成均匀的小片再干燥。

接骨木 ✲

分类：五福花科

（ *Sambucus nigra, ssp. canadensis/ caerulea, syn. S. nigra, S. canadensis, S. Mexicana* ）

> 接骨木的花朵可以清热，果实是缓解流感症状的经典药物。

接骨木为美国本土植物，分布广泛。作为草药师至爱的接骨木，它的花朵和浆果中的各种化合物，多到可以作为一个药箱。这些化合物能在许多商品中找到其成分。接骨木在很久以前的欧洲就具有神圣的地位，在欧洲的许多地方，接骨木在古代被称为"老木母"——仙境中掌管园林的一个有着母后般地位的人物。牧神潘的排箫也是用它来做的。接骨木的拉丁名为Sambucus，就是从希腊语的"排箫"演变而来的，因为排箫是用接骨木空心的茎做成的。

● 描述

这种大型灌木或小型乔木，一簇簇地绽放着芳香的、伞状的奶黄色花朵，花朵凋谢后，长出深蓝色或黑色的浆果。如果你看到有一种与接骨木相似的植物，但结的是红色的浆果，那是S.racemosa（即红接骨木）。不要去摘红接骨木，因为它的果实是有毒的，所以最好离它远一点。

● 制剂及用法

应对感冒、流感和发烧，服用1～2杯花朵泡剂，每日服用2～3次（或按需服用）以发汗、促进毛孔清洁和退热。将1杯热开水倒进2茶匙的鲜花或干花中，浸泡10分钟，过滤。你还可以取1～2滴酊剂，混在柠檬香蜂草、洋蓍草、胡椒薄荷或其他你喜爱的花茶中。

一定要用接骨木果实做糖浆和果冻，因为它们既能治病，也很美味。接骨木糖浆在天然食品店中也有卖的；食用时，请遵照标签说明食用。用接骨木的花朵酿酒也有很久的历史。

● 治愈功效

不管是过去还是现在，接骨木的花朵和果实做成的药都被认为是防治感冒，特别是流感的首选。一些实验室的研究显示，接骨木的果实有强大的抗病毒作用。这些紫色的浆果含有花青素，这也是存在于葡萄和蓝莓中的强抗氧化剂。接骨木的浆果能够加强免疫功能，从而强化了人体的抗感染能力。

接骨木的抗病毒成分对减轻感冒、流感和发烧症状非常有效。接骨木的花朵是一种上等的解毒剂，有助于治疗发炎和感染，如痤疮、疖疮、皮疹和皮炎，定期使用，可达到清洁排毒的效果。很早以前它们就被草药师推荐，用来缓解花粉热、鼻窦炎、慢性风湿病、神经痛和坐骨神经痛。

● 安全性

接骨木不存在安全问题。然而，不要把红接骨木当作医药用的接骨木，也不要生吃太多的接骨木浆果，因为这样会导致腹泻或消化不良。

● 种植

如果你把接骨木种在充足的阳光下，会收获很好的花朵和浆果，不过，如果是在炎热的地带部分遮阴，你也能得到不错的收成。接骨木长得很快，如果养分充足、定期浇水、排水顺畅，每年可以长高4英寸。如果条件不好，接骨木也能适应环境。每隔3～4年在休眠季节修剪接骨木，有助于接骨木重返生机。繁殖时，可播种、扦插或根蘖。接骨木的种子是多周期发芽的，因此如果你在夏末播种并让它越冬，接骨木会在第二年春天发芽。请使用堆肥和非灭菌土壤。扦插也是非常容易的，如在春夏，取切茎扦插；如在深秋，取硬木扦插。

● 收获接骨木

务必要在清晨的露水蒸发过后采摘接骨木花朵。如果花朵还未干透就压制，会很快变黑；如果不及时放入冰箱冷藏，会发酵。对花朵要小心轻放，因为它们很容易受损。接骨木的丰收要等到第二年或第三年。采集接骨木浆果时，要在果汁充盈、颜色由深蓝变黑的时候，把整串浆果割下，然后用叉子把果串松开。松开果实后马上蒸煮、干燥或做其他处理。如果你正在干燥果实，要等到完全干透才能把茎去掉。要确保它们有足够的空间：接骨木花容易发暗变淤，浆果会黏成一块并发霉。

茴香

分类：伞形科

（*Foeniculum vulgare*）

茴香金黄的籽能缓解胀气、饭后助消化。

不要被它的名字所迷惑：这不是我们在超市一进门那个蔬菜货架上看到的佛罗伦萨茴香，人们种植佛罗伦萨茴香只为食用它的球茎（从植物学来说，我们看到的滚滚圆球实际上是它鼓起来的茎部）。我们所说的，是在马路边默默生长的茴香，是用来做调味酱料、甜酒、面包和糖果的茴香，通常我们用它的叶子，种子更常用一些。或者，你可以把茴香想象成一种普通的杂草，不过，它有着传奇的身世：传说，墨丘利把希腊众神的知识传到人间时，就是用茴香秆当作引火棒的。

● 描述

茴香原产于地中海，现在已经在美国干旱、温和的地带生长。它是一种高大的常年生植物，能长到8英尺高，叶子像分叉的蕾丝，味美、茴香味足。花朵是亮黄色的伞形花序，开花过后会长出香甜的种子。茴香开花时，形成旋涡状的花序，易于授粉，黄绿相间的凤蝶毛毛虫（茴香虫）最喜欢以它为食。

● 制剂及用法

制作茶剂，取1茶匙的茴香籽配1杯水，温火煮5分钟。将它从火源移开，盖上盖子焖20分钟，然后滤掉茴香籽（如果需要的话）。如有需要，可在饭前饮用1杯。你也可以一次服用3~4粒胶囊，不过这样你将无法享受到这款花茶的清香美味。茴香籽常见于许多印度餐厅前台上的小菜碟中——和细椰丝与"好运丰盛"的糖果摆放在一起，因为它们在中东文化中，可以预防和缓解饕餮大餐之后的消化不良与胀气。

● 治愈功效

茴香籽以它的美妙甘草或八角味道而闻名，能泡出美味的茶，能加在酊剂中，还能放入汤、炖菜和沙拉中。还可以在夏末的花开之时，把叶子作为烹饪的原料（花开时，叶子的汁液就干涸了）。

人们很早就流行用新鲜干燥的茴香籽来作为缓解小儿及婴儿消化不良、胀气、恶心、腹痛，以及腹泻导致的疼痛和痉挛。几百年来，茴香还被用来促进母亲的乳汁分泌。茴香籽制剂，包括茶剂，在世界被广泛使用，来刺激消化和食欲，帮助缓解支气管炎和咳嗽症状，为药物增味。茴香籽精油能减轻肌肉疼痛和风湿痛。

● 安全性

茴香用于烹饪已有好几个世纪，尚未发现茴香的安全问题。

已知对茴香脑（茴香中促进母乳分泌的成分）敏感的人群应避免食用茴香籽，不过这种情况很少见。在精油与酊剂中，发现有温和的雌性激素活性，因此如果妇女在怀孕或哺乳期最好避免食用，不过，泡茶喝是绝对安全的。

● 种植

只要土壤温和，茴香种子就会在花园或花盆里自行发芽。一年中的任何时候都可以直接播种：茴香可以到处生长，随时都会冒出地面。松动或贫瘠的土壤都可以，只要茴香能长起来，就不必浇水或照顾。务必把茴香种于充足的阳光下，保证茴香籽快速成熟——否则，如果在冬季气候来临之前还未成熟，它们就会发霉。冬季要把枯死的茴香清理干净，以保证明年春天再次生长。如果冬天持续下雪，茴香则会变成一年生植物。

● 收获茴香

可以在一年当中的任何时候采摘茴香叶，不过最好的时节还是在种子形成之前。种子形成过后叶子就会变硬、变稀。采收茴香籽，应当在种子由绿变成黄褐色时。有人说茴香籽是嫩一点的植株上的比较好。你可以剪下整个伞状花序，然后用手指轻揉，搓下种子。有的人用金属布盖在一个篮子或碗上，把成熟的茴香籽倒在上面筛。如果你想要储存干茴香籽，待它们长饱满了，但还是绿色的时候就收回来，然后晾干。

大蒜

分类：石蒜科，原名Alliaceae
（*Allium sativum*）

大蒜又名"臭玫瑰"，能治疗心脏疾病和各种感染。

我们无须介绍这种"臭玫瑰"了吧？我们只需种植它，不管是用来击退吸血鬼还是用来治愈感冒。一些人认为，大蒜或许是人类知道的最为古老的栽培植物；有古书曾提及，大蒜在3000年前就被建造金字塔的工人所使用。不要担心大蒜影响你呼出来的气味，只需记住，把大蒜所有的好处传遍你的朋友们，然后朋友们一定会和你相处得很融洽！

描述

众人皆知，蒜球是那个乳白色、有着纸一样的薄膜包住的东西。它由数个相似的由"纸"包住的蒜瓣组成。在地面上，它有着圆圆的、空心的叶子，还有紫色的、伞形的开花部分。叶子通常从盛夏到夏末就枯死。

制剂及用法

如果你把自家花园或阳台上的大蒜全都吃完了，再到超市去买一些吧。大蒜摆在门口第一排的货架上，每天饭中吃上2~3瓣大蒜，或者每天服用2~4粒大蒜制剂。更好的做法是，喝你自己做的大蒜糖浆！

治愈功效

大蒜对消化道和呼吸道有温热和激活的功效，并有明显的抗菌和抗病毒作用。很久以前，人们就用它来防治结肠的寄生虫，促进消化健康。草药师喜欢用捣碎的蒜球，通常是生蒜球，放进糖浆或搅拌进汤汁中，用来治疗感冒、流感、支气管炎、肺炎和其他感染。和食物混合后，生蒜将不会造成消化不适或恶心，如在烹饪快结束时加入生蒜，将保留其药用功能。当煮或烤大蒜时，务必要先把蒜碾碎。一旦大蒜的细胞被压碎，就会释放出一种酶，这种酶可以产生蒜素这种主要活性化合物。然后蒜素分解，变成其他活性化合物。如果不经碾碎就烹饪，这种重要的酶就会丢失很多。

吃蒜的另一原因是它能够促进心血管健康。一些研究表明，大蒜能够帮助平衡胆固醇，它还有别的益处，包括预防癌症。大蒜有轻微的稳定血小板的作用，这有助于防止异常凝血，减少中风和心脏病发作的危险，经常食用，效果更佳。

安全性

处于哺乳期的女性，要避免吃大蒜，因为大蒜的味道可以通过母乳传给婴儿。空腹食用生的大蒜，有时会引起胃部不适，甚至恶心。不过，烹饪能大大减少大蒜的刺激性和热性。

一些研究者建议，术前或术后使用抗凝药物时，要谨慎食用大蒜。

● 种植

在9月或10月，将蒜瓣放入1~2英寸深的土壤中，蒜尖朝上，让它们在土下越冬。在生长季节，最好有充足的阳光，施加氮肥。想要得到最强烈的蒜味和药效最大的蒜球，在花柄长出来的时候，马上剪掉它。保持土壤湿润，直到植株的上部开始发黄，立即停止浇水。

● 收获大蒜

收获蒜球的最好季节是夏季，在植株上半部分枯黄之后。当叶子变黄、折倒，蒜球就长好了。把它们挖出来，不要急着冲洗（只需轻轻刷掉多余的土），而是把它们的茎绑在一起，扎成一束。把一束一束的大蒜放在黑暗、干燥的地方，保持良好的通风，或者挂在镂空的屏风上晾干。大蒜慢慢变干的时候，它的表皮会变得越来越像纸，颜色也越来越柔和。一两个星期后，它会达到最佳状态。把大蒜储存在一个透气的容器中，放在阴暗的地方。

积雪草

分类：伞形科
（*Centella asiatica, syn. Hydrocotyle asiatica*）

在广受欢迎的清脑怡神饮品中，很多都含有这种热带草本植物成分。

积雪草来自印度亚热带，常被瑜伽师用作冥想时使用的食物，是印度阿育吠陀传统医学中最重要的草药之一。传说，大象因为在丛林中食用积雪草，而拥有超凡的记忆能力。在东南亚的许多地区，有人推着售货手推车，榨积雪草汁卖给客人，这充分证明了这种植物的"无上"美誉：唤醒通天之轮，促使延年益寿。

● 描述

积雪草是一种娇嫩的伏地蔓生植物，常年生，有圆圆的嫩叶和细长的茎部，品尝时有甜酸味，口感清脆。绿色或紫色的花朵藏在叶子下面，很少能够被注意到。积雪草不耐霜，因此要种植在室内才能生长，除非是在最热、最潮湿的地区，否则它只存活一年。

● 制剂及用法

临床研究证明，积雪草的最佳剂量为60～120毫克，或每日服用两次不超过500毫克（用于抗焦虑）的胶囊或药片形式的积雪草提取物的效果最好。市面出售的胶囊或药片中，每粒或每片中通常含有100～300毫克的提取物。

临床研究已证明了积雪草提取物的功效，但是，如果在烹饪中长期使用积雪草汁或叶子，也会起到相似而略为温和的功效。可以把积雪草和芹菜等其他蔬菜一同榨汁，把积雪草叶加入沙拉或其他日常美食中，或者用叶子或整棵植株制作茶剂或酊剂。

● 治愈功效

除了提高记忆能力、保存记忆、维护大脑功能、延年益寿等传统功效以外，临床研究还表明，积雪草不仅能减轻焦虑和紧张，对心血管、糖尿病也有明显的益处。

有研究表明，积雪草提取物有益于糖尿病患者的体液循环，缩短治疗糖尿病溃疡的时间。这种特点不仅对糖尿病患者有好处，而且对非糖尿病患者也有好处，因为它能降低血压和血管中异常凝血和斑块形成的风险。其他的研究也支持了积雪草的传统用法、功效，并表明积雪草提取物能帮助人们减少焦虑、改善记忆、放松心情。

积雪草制剂被认为能够清除毒素、减轻炎症，有助于缓解风湿和类风湿关节炎的症状。它的汁和叶还能在必要时刺激食欲、促进消化。

含有积雪草提取物的乳霜可治疗湿疹、伤口和其他皮肤疾病。这种草药已被证明，能刺激胶原蛋白的产生，帮助改善皮肤表面的毛细血管颜色。

安全性

积雪草的毒性很低，早已在亚洲作为常见烹饪调料使用了好几个世纪。

种植

这种美丽的蔓生植物喜欢温暖、潮湿的环境。在大多数地区，积雪草绝不能暴露在阳光门廊或温室的外面。如果希望在一年当中的某些时候让它长在室外，那么，最好把它放在花盆中。如果四季分明，冬天可以把积雪草种在深一点的花盆内，放置在潮湿的室内或中庭。积雪草需要肥沃的土壤和大量的养分，尤其是富含氮的肥料。每天向它洒水，让它保持潮湿。如果要在室外种植积雪草，要根据干旱的程度，把它放在全日照或部分遮阴的地方。它是靠纤匐枝蔓延，因此要留出充足的空间让它匍匐。靠种子繁殖并不容易——就算是在温暖、潮湿的最佳条件下，也要一个月以上的时间才能发芽——因此，常用插枝或分根进行繁殖。

收获积雪草

收获时，可将黄叶丢弃，收获叶子或者是整个植株。如果它能生长在一个湿润、温暖的环境，并且只是采摘叶子，那么，它会长得更多、更茂盛，甚至全年丰收。如果要收获整个植株，只需确保完全清洗干净。要尽快干燥，但是不要用高火干燥，因为这样积雪草很容易变成褐色。

山楂

分类：蔷薇科

（ *Crataegus laevigata,*
C. oxycantha, and ）
C. pinnatifida

这种带刺的街道景观树上的叶子、花朵和鲜红的果实，是著名的心血管补品中的原料。

山楂树具有神奇的治愈功力，它是力与美的结合，还是传统风尚的体现。这一切，都让它在植物界遗世独立。它很早就出现在希腊和欧洲的诗歌、艺术和文学中，是希望和爱情的象征。五月的前夜，人们把山楂树枝砍下做成花柱，庆祝五朔节，因此山楂树也被称为"五月花"。不过，人们念念不忘的传奇，也许是那艘载着朝圣者横跨大西洋、开到新世界彼岸的"五月花"号船。因为，这个名字赋予了朝圣者对未来最美好的祝愿和梦想。

● 描述

山楂是小型到中型的带刺乔木或大型灌木，拥有深色、高光、锯齿或掌状绿叶。春天，山楂绽放着一簇簇白色、粉红或深红色的花，随后的秋天，长出红色的果实。世界上有两百多种山楂，它们中绝大多数可以药用，但也有许多是杂交的观赏种。我们所列出的品种是公认的药用品种。

● 制剂及用法

如用酊剂，我们推荐剂量为2~3滴，加入清水中；如用茶剂，则为1杯（取叶子、花朵或果实）；如服用粉状提取物的胶囊，我们推荐3~4粒，每日服用2~3次。或者，服用糖浆，取1汤匙，每日2次，并把山楂果酱涂在面包上（果酱可以自己制作，使用红色的已经成熟的果实即可）。在天然食品店里，可以找到山楂液体酊剂、片剂、胶囊和糖浆，在中药铺，可以买到山楂片。

● 治愈功效

山楂的叶子和花朵在欧洲一直以来被用于促进心脏健康。欧洲的医生和草药师，经常推荐有心血管疾病的人服用山楂制剂，尤其是在疾病的初期阶段，包括高血压、胆固醇失衡、心律不齐，甚至是充血性心脏衰竭。山楂的功效，在于加强心脏的泵血作用。山楂中的类黄酮和其他强抗氧化剂有助于保护心脏，促进心血管健康。它可以经常食用，甚至可以连续食用数年。山楂广为人知，还是因为它可以减轻焦虑和紧张，对失眠和平缓焦躁心情有益。几千年来，中国山楂大、红而有光泽的果实，在中国传统医学中就是一味重要的草药，用来预防和治疗腹胀、胃胀、油多难消化。

● 安全性

对山楂的担忧绝大多数只是停留在理论上。山楂可能会增强洋地黄类药物的效果，不过，这在现代医学实践中还没有得到普遍的证明。如果正在服用β-受体阻滞剂或抗高血压的其他药物，或者血压非常低，那么，在服用山楂之前，最好咨询医生或有经验的自然护理师、草药师。

● 种植

在原产山楂的温带地区，这些灌木通常生长于靠近溪流的平地、草地、树林和森林。因此，它们喜欢阳光充足或部分遮阴的地方，喜欢营养丰富、肥沃的碱性土壤。如果买的是小树苗，要在它扎根的时候深深浇灌。可以用播种的方式繁殖山楂，但要注意，种子需要休眠，因此处理过程复杂。种子必须洗净、进行层积处理或在水里浸泡2~3天，然后必须除去果肉后马上播种。山楂发芽慢，至少要6个月，长时达18个月才能发芽。因此，直接从朋友家的山楂树上取一根枝条来扦插（或者用根蘖更简单），是个非常容易的办法！

● 收获山楂

如要收获叶子和花朵，可在花期刚到时，将它们连柄采下；如要收获成熟的红色浆果，则在秋季初霜后、第二场霜冻到来之前采摘，否则霜冻会使山楂果变得软烂。干燥果实和鲜花时，要给出足够的空间以让空气流通。果实要整个干燥，这样山楂的性能就能稳定地保持好几年。

金银花

分类：五福花科或忍冬科
（*Lonicera japonica*）

金银花的花朵和枝茎芳香而甜蜜，是花园的活栅栏。

这种美丽的木质藤本植物像瀑布一样层层叠叠，带着一种神圣的香味。人们经常把它栽种成一道亮丽的风景。在温暖的季节里，它熠熠生辉，光芒四射；而在其他的季节，它安分守己，美丽却不夺目。金银花的英文名字是"吸蜜花"，意思是仙女们（还有其他人）都喜欢啜饮它花朵中的蜜乳。金银花的种类有100多种，至少15种可以入药。

● 描述

金银花为常年生落叶或常绿攀援灌木，通常沿着其他植物或支撑物紧紧攀爬。金银花管状的花朵通常在夏天盛开，花朵呈浅黄色，有时略带粉色，随着时间的推移会变成越来越深的金黄色。金银花在花开后的秋天结果，一串串橘红色的果实相当不好吃，不过鸟儿们却很喜欢。它的枝茎可以长达20英尺，在美国东部，金银花的入侵性已经足以让人们把它列入有害杂草的行列。

● 制剂及用法

取金银花花朵，只要浸泡30分钟，或小火慢焖，即可获得浓郁的泡剂。每次饮1/2～1杯，每日2次或根据需要饮用。金银花还能制成香甜可口的糖浆。市面上的金银花有做成粉末、颗粒、提取精华和药片等剂型，遵照产品标签服用。

● 治愈功效

金银花（或者花朵加幼藤）有轻微的抗细菌和抗病毒功效，能用于治疗感冒和流感。它们在中国传统医学（中医）中也被推荐用于缓解上呼吸道感染、发烧、支气管炎、咽喉肿痛、中暑和腹泻。金银花茶也常用作治疗疔疮等皮肤感染，因为它能去除体内的"热毒"（中医术语，指代谢废物堆积以及炎症）。青少年和易出现痤疮、疖和麦粒肿的人群，每日饮用金银花茶，效果最佳。

西方的草药师建议服用金银花茶或提取物来减轻热潮红，预防并促进治疗尿路感染，治疗如痤疮、疖、湿疹等皮肤疾病。整株金银花藤包括叶子和树枝，可以煎煮后用作敷药，治疗烧伤、溃疡和痤疮。

● 安全性

中国传统医学认为，金银花和树枝是无毒无害的。

● 种植

金银花耐寒、耐热，性情坚韧，容易种植。如果想要建起树篱或围栏，每根金银花藤要隔开3英尺，如果在长势茂盛的季节不修理，金银花会蔓延过界。金银花喜潮湿、肥沃的土壤，不过它适应性强，一旦长大，将比较耐旱，会在全日照的阳光下长势良好（甚至在炎热的季节，如果部分遮阴的话也会长势良好）。金银花可以通过播种方式来繁殖，但要有耐心，用1~2个月的时间等待发芽（层积处理会加快速度）。否则，还可以在春季用切茎扦插，或在秋季用硬木扦插。更简单的方法是，用邻居的金银花树枝压条。要在地上放一个格子，或插上栅栏，好让金银花攀爬。金银花茎会垂到地上，这时要及时修剪，以保持美观。

● 收获金银花

金银花花朵刚刚开放时，美丽、清新，带着奶油一般的色调。这时，就可以采摘了（开得过久的金银花呈橘黄色，变干时会变成棕色）。要确保每隔一两天就采摘一次。和所有的鲜花一样，金银花花朵非常娇嫩、容易损伤，因此，要在早晨的热气还未把花朵催老的时刻，采摘金银花。采摘后要置于避开阳光的低温处，马上干燥。嫩茎也可以收集，因为它们含有许多和花朵同样的化合物。

啤酒花

分类：大麻科

（*Humulus lupulus*）

> 这种植物的花朵给啤酒和麦酒带来苦涩的香味，被广泛地用作消炎药。

众所周知，啤酒花表皮粗糙的花锥是啤酒和麦酒中的主要调味剂，英国医生曾经给乔治三世开药方，把啤酒花锥放进乔治三世的枕头里，为这位王室患者治疗失眠症。现在，啤酒花有许多品种，专门用作酿酒。

● 描述

这种多年生藤本植物会攀爬到30英尺，并影响其他植物生长。在世界上所有啤酒花生长的地方，只要有支撑物，基本都能找到它的身影。它的绿叶和茎部有着像砂纸一样的粗糙感，还有锋利的毛刺。在夏末，它会长出球果（即雌性锥状的开花部分），球果由绿变黄，由黄变干又变成褐色。也就是这些球果，产出非常苦涩的金黄的树脂状粉末，成为蛇麻素，蛇麻素被认为是这种植物中最重要的药用物质。

● 制剂及用法

啤酒花做成酊剂很好，因为雌花中树脂状的黄色蛇麻素溶于酒精，而不太溶于水。每次使用1/4～1/2茶匙，加入少许水或茶，每日服用2～3次。

如需服用啤酒花的提取物，包括标准化提取物，可购买胶囊或药片。请按照标签指示服用。

可以将干燥的啤酒花球果缝入小袋子，放在枕头里面，以促进良好睡眠。还可以把啤酒花茶剂加入洗澡水中。

● 治愈功效

啤酒花促进睡眠、放松身心的功效，以及为啤酒和麦酒增添清凉苦味的能力，都非常著名。具体来说，草药家们会建议使用啤酒花来舒缓紧张、烦躁、兴奋的情绪，平息心悸，治疗失眠。助产士们则使用啤酒花来给新生妈妈催奶。

最近的研究表明，啤酒花提取物对关节炎和其他炎性疾病有着很强的抗炎和镇痛作用。啤酒花还具有类似雌性激素的作用，这就是有的男性过量饮用含有啤酒花的啤酒或麦酒后，胸部变得异常突起的原因。

● 安全性

一些草药师认为，抑郁的时候应该避免食用啤酒花，因为啤酒花的镇静作用会加剧这种情绪。还有一些纯理论上的建议，如啤酒花和化学镇静剂或止痛药之间会有相互作用。

接触啤酒花时要小心，因为花粉可能引起皮疹。我们认为妇女怀孕期间适度使用啤酒花是没有问题的，不过，有人也反对使用，因为他们认为啤酒花具有雌性激素的作用。

● 种植

啤酒花需要充足的阳光，深深的、肥沃的土壤，需要覆盖和温暖，还喜欢富含氮的肥料。如果你将啤酒花移入自己的花园或阳台上的花盆中，要首先确保土壤已经回暖。一旦长起来，啤酒花就能够忍受干旱。要给它修建篱笆或棚架，在植株之间保持3～6英尺的距离。啤酒花还可以种在盆中，只要给出支撑物，它就会向上攀爬。种子繁殖比较困难，因为种子发芽通常很慢，虽然层积处理有助于种子发芽，整夜浸泡也有助于发芽。较好的繁殖方式是扦插（茎枝上至少含有两个芽苞）、压条，或者分根。分根是最简单、最容易成功的选择。在温和的气候条件下，这种植物生长得很快，短短几年就轻而易举地成为生根冠军。

● 收获啤酒花

在秋天某个干燥、晴朗的日子里，当啤酒花开始变得有点像纸一样轻薄，并且颜色变成琥珀色时，就可以收获了。如果不迅速干燥，它们将迅速腐烂。要小心存放，以免潮气在干燥后又把它们变成褐色。它们的药效消退得很快，保质期通常不到一年，也可以把它们放到冰箱里冷藏。

薰衣草

分类：唇形科
（*Lavandula angustifolia*）

薰衣草的独特香味让遍地芬芳的普罗旺斯惊喜连连。

　　薰衣草的传说不计其数，在故事、歌谣和神话中处处都有薰衣草的身影。薰衣草的用途很广，它集食材、化妆品和药材于一身，还是一种大家都喜爱的香料呢！不过，要保证购买、种植的薰衣草是你确定想要的那一种。薰衣草的种类繁多，包括被一些人误称为法国薰衣草的欧洲杂交薰衣草、西班牙薰衣草和法国薰衣草。所有的这些，虽然都不错，但都不如真正药用的英国薰衣草正宗。

描述

　　这种中型灌木，有着芳香的灰绿色直立的叶子，直立的穗状花序逐渐变细，上面开着紫色的花朵。薰衣草在温带气候属于常年生植物，在更热、更干的气候中，则属于四季常青植物。杂交薰衣草通常是英国薰衣草的替代，它们二者在外观上很难区分，不过，杂交薰衣草长得更高，香气更浓烈。

制剂及用法

　　做泡剂，每次饮用1杯，每日2~3次。取1滴酊剂，放入茶或水中，会有放松和振作精神的功效。

　　在一瓶无味按摩油中加入几滴薰衣草精油（用鼻子来判断要加多少），可加强对身体的护理。把这种精油放入蒸汽、毛巾、敷包、吸入剂和沐浴用品中。薰衣草在百花干混合盆中有一种圣洁的气息，它还可以给甜点和蜜饯带来别样的风味。

治愈功效

　　将薰衣草的花序、叶子和嫩茎收割，然后进行干燥，并将其中的挥发成分（即芳香化学品）提取出来成为薰衣草油。不管是芳香疗法或内服，薰衣草油都是主力。香精和香料行业用它来做成化妆品、洗发水和沐浴盐，以及许多其他产品，都含有薰衣草油成分。

　　除了制成药油，薰衣草花还能制成茶剂、酊剂和薰衣草提取物。草药师推荐用它们来提神、放松身体、减缓恶心、消化不适和腹绞痛，促进睡眠。

薰衣草总体而言能强化神经系统，并被推荐用来缓解压力过大导致的头痛和神经衰弱。它还能帮助人们缓解胀气、肠痉挛和肠绞痛。实验研究表明，薰衣草具有消炎和镇静的作用。这些作用主要来自一种叫作沉香醇的成分，是一种广为人知的镇静剂。

● 安全性

薰衣草没有真正的安全隐患。如果反复使用，薰衣草油偶尔会引起过敏反应，内服薰衣草也有可能在敏感人群身上引起轻微的过敏反应，不过这两种情况都是非常罕见的。怀孕期和哺乳期使用薰衣草茶剂或酊剂并无禁忌，不过，在此阶段，正如使用绝大多数精油一样，使用薰衣草药油要小心。

● 种植

薰衣草原产于地中海和中东地区，而杂交薰衣草是近几年培养的品种，不属于上述地区的产物。如需药用或做化妆品，英国薰衣草是首选。和其他薰衣草一样，英国薰衣草喜欢充足的阳光和排水良好的砾质土壤。英国薰衣草的根会在湿润的土壤中腐烂，因此，在高湿度的地区，它长得不好。"孟德薰衣草"和"海德克薰衣草"这两种更紧凑的品种，越冬性能最好。然而，在沙漠地区，如果土壤含沙量很重，薰衣草可能需要在夏天浇一些水。在温暖的季节，应该在花期过后重新修剪，然后在休眠季节（冬末或早春）把它再次剪成沙丘的形状。修剪时，只剪绿叶，不要剪木质的茎部。在四季分明的地区，花期过后，应稍微修剪，等到春季气温开始变暖时，再次修剪至绿叶的最低处，但不要伤及木质茎，使之形态工整。要保护薰衣草不受冬季冷风和严寒的侵袭。种子发芽不易，而不要指望薰衣草超常发挥，因此扦插是最好的繁殖方法（只要保证土壤不要太涝）。还可以尝试用压条法来繁殖。

● 收获薰衣草

在干燥、温暖、阳光明媚的早晨，薰衣草花刚刚开放时，采集薰衣草花朵（寒冷或阴雨天气会降低精油含量）。把花朵和茎部分离的时间是在干燥后，而不是干燥前，因为干燥前分离会损伤花朵。

柠檬香蜂草

分类：唇形科

（*Melissa officinalis*）

> 这种又名"欢乐草"的植物，在古代的修道院里，用来平息、缓解发热和烦躁。

柠檬香蜂草能够吸引蜜蜂，据说能让蜜蜂留在蜂巢，因此，在过去，它被用来给家具抛光上色，又被称为"梅丽莎"（拉丁语中意为"蜜蜂"）。柠檬香蜂草油不管是外用还是内服，都非常清爽。它是药草中对身体健康最安全的植物之一，也是最美味的植物之一。这种欧洲人最喜爱的植物，在中世纪常被种在修道院的花园里，用来制作酊剂，或酿制神奇饮品。这种传统又从文艺复兴一直流传到现在。由于它的提神功用，有时又名"欢乐草"。

● 描述

这种香气怡人的多年生草本植物，有着带纹理的、芳香扑鼻的、郁郁葱葱的绿叶子。它能适应各种条件，高度能长到2英尺，枝叶散开较广，且能在花园里自身传种。

● 制剂及用法

柠檬香蜂草在茶剂和酊剂中效果最佳。如制成茶剂或酊剂，它那令人振作的香味和口感，以及怡神的柠檬芳香，刺激着你的感官。取几撮柠檬香蜂草，泡入一壶水中，放置冰箱内保存一两天，即可成为夏日的清凉饮品。

如有需要，饮用泡剂，每日2～3杯。还可以将柠檬香蜂草制成乳霜、药膏及护肤品。

● 治愈功效

柠檬香蜂草清新、怡神，既能解决肠胃问题，也能解决神经问题。草药师推荐用它来舒缓紧张情绪、对抗焦虑和失眠，以及缓和肠胃痉挛。作为饭后啜饮，柠檬香蜂草还能缓解胃灼热和消化不适，如腹痛、腹胀。

柠檬香蜂草有抗病的特性，在病毒疱疹爆发的情况下，你可以白天多饮用茶剂，辅以睡前再饮用。从柠檬香蜂草中小火慢煨40～60分钟提取的酚类物质（一组具有强抗氧化性质的化学品），对缓解疱疹溃疡的疼痛、减短患病时间非常有效。

柠檬香蜂草做成的冷泡剂可以用小勺喂给幼儿服用，缓解绞痛和烦躁。婴儿在新生第一年，如同时有腹痛、苦恼和烦躁的问题，柠檬香蜂草是独一无二的选择。

● 安全性

还没有已知的安全问题。

● 种植

柠檬香蜂草适应性非常强：在全日照条件下，柠檬香蜂草表现良好，但在十分炎热的地区，最好部分遮阴。它抗冻耐寒，不怕拥挤，不管是肥沃还是贫瘠的土壤，它都能适应。它喜欢潮湿、排水良好的土壤，但如果稍微限制一下水分，它的药用成分会更高。土壤浸水往往导致植株枯萎。柠檬香蜂草能自身传种，并容易传播，但是如果计划用种子繁殖，不管是在室内还是室外，务

必在早春土壤较凉时播种（层积处理对播种有好处）。较简易的繁殖方法包括
扦插或者分根、根部移植。

● 收获柠檬香蜂草

　　在盛夏时节的开始旺盛到全盛时期，采割健康的叶子（发黄的叶子扔
掉），然后，在夏末到初秋，再采割一次。全盛的后期是精油含量最高的时候。
叶面还湿的时候，不要采割，要小心不要损伤叶子。它们很容易干燥，也能干得
很快，但需要在完全黑暗的条件下干燥。还有，不要把叶子层层堆放。记住，如
果它们在加热或收获时有擦伤，就会在干燥时变黑。柠檬香蜂草保质期较短。

柠檬马鞭草

分类：马鞭草

（*Aloysia citriodora, syn.*
A. triphylla）

　　维多利亚时代的欧洲人相信，柠檬马鞭草香味的魔力，能唤
起任何闻过它的人的激情。

　　在花园里，你再也找不到比柠檬马鞭草更香的植物啦！难怪在中世纪，

柠檬马鞭草就被用作香水的原料。18世纪末期，柠檬马鞭草被人从智利和秘鲁带到西班牙，Aloysia这个单词指的就是西班牙备受爱戴的女王，玛利亚·路易莎的名字。她是国王查理四世的妻子，十分钟爱这种植物。除了甜美怡人的香味，柠檬马鞭草做成的茶剂，有一种十分有益的功能，可作为强抗氧化剂和舒心草药。

● 描述

在非常温暖的气候中，这种芳香、驱鹿的植物可以长到10英尺的高度，并保持全年常绿。不过在绝大多数地区，它在每年冬天会枯死，在四季分明的地区，它往往是一年生植物。柠檬马鞭草是灌木状植物，粗糙、矛形的叶子为三片轮生，手感油腻。微白的粉红色花朵在枝头绽放。

● 制剂及用法

制造泡剂，每次饮用1杯，每日数次，睡前饮用。还可以往柠檬马鞭草茶剂中添加蜂蜜，然后混入水果沙拉中，这样将得到一种激爽的口感，有益于健康。还可以在百花干混合盘中放入柠檬马鞭草。还可以将干草或新鲜柠檬马鞭草充分浸泡，用来制作糕点。

干燥过的柠檬马鞭草可以放进香袋中，或者加进洗澡的热水里，让人得到放松、清爽的沐浴享受。

● 治愈功效

许多研究显示，柠檬马鞭草中含有强抗氧化剂。男赛跑运动员使用了柠檬马鞭草提取物后，能帮助其肌肉恢复、保护组织免受反复运动过程产生的氧化损伤。传统上，柠檬马鞭草茶剂或提取物已被用来帮助消化、促进睡眠，其作用相当于一种温和的止痛药或镇静剂。

● 安全性

如果长期食用柠檬马鞭草，有可能会导致消化不良或胃部不适，但这种情况很少见。外用时，柠檬马鞭草精油可能会在某些个体身上引起光敏性。

● 种植

柠檬马鞭草喜欢充足的阳光和肥沃的土壤。需要用地膜来保存水分，灌溉时应注意，要在两次浇水之间让泥土干透（它易受真菌感染，所以不要过度浇水）。除了在最炎热的地区外，其他地区的柠檬马鞭草都会落叶。不过，可以在冬季把它放入室内，如果给予充足的照明，它能四季保持常绿。如果在四季分明的地区，可以试着把它种在一个大花盆中，夏天放置于温暖的南面，冬天搬入室内。繁殖时，扦插容易发芽，播种则需要较高的气温，发芽率通常较低。

● 收获柠檬马鞭草

采摘叶子和茎部（应为柔嫩的顶尖），带花或不带花都可以。处置叶子时，手脚要轻，因为叶子很容易碰伤，碰伤后会在干燥时变成褐色或黑色。为了更好地干燥，你需要把较长的茎也一起采摘下来，这样方便悬挂，也方便在干燥后打散叶子。要注意看它们有没有过度干燥的情况：要做到很容易，但是，一旦过度干燥，精油便将荡然无存。将柠檬马鞭草放在黑暗或不透明的容器中保存，因为它们对光线非常敏感。

甘草

分类：豆科
（*Glycyrrhiza glabra,
G. uralensis*）

甘草在亚洲和西方的草药配方中，是一种甜味剂。

甘草棒、甘草条、甘草糖豆……今日，这些保健零食的味道很有可能都是由更廉价的茴香油做成的。即便是这样，这类植物的香甜的根部还是用于商品中。在5000年的传统中医中，甘草有着举足轻重的地位，甘草还被发现于埃及国王图坦卡蒙的墓中。甘草中的一种叫甘草酸的成分，比蔗糖要甜50倍。这就是为什么在传统中医中甘草被广泛地使用——它被用来"中和"其他的药材。"中和"或许是"把药吃下去"的委婉说法吧，吃过中药的人才知道中药的苦涩！

● 描述

这种尖长的常年生植物是豆类家族的一员，也有豆类的典型外貌：长茎上带着羽状复叶，顶端是薰衣草色或紫色的豌豆状花朵。它的匍匐根状茎有时达到12英尺以上，几年以后，时常会在远离原植株的地方长出幼苗。

● 制剂及用法

甘草常见于各种制剂中——茶剂、糖浆、酊剂、酏剂、锭剂、饮品和食品中，都有它的身影。

想要在家制作汤剂，请用小火煮根部，煮的时间比一般汤剂长30～45分钟，然后用滤网把汤和药渣分离。饮用1/2杯，按照个人情况，每日2～3次。

甘草通常与其他草药混在一起使用，不过它也可以单独使用，治疗消化道和呼吸道感染。

天然食品店有各种甘草粉末制品、颗粒、胶囊和药片售卖。如需购买请遵照标签说明服用。

● 治愈功效

甘草是一种叹为观止的多功能草药。除了为难以下咽的其他草药配方增加甜味，甘草还用于治疗呼吸道炎症、泌尿和消化道不适。甘草有决定性的舒缓、抗炎、抗病毒效果。茶剂、酊剂、糖浆或标准化提取物形式的甘草，常被推荐用来缓解和帮助治疗胃溃疡、肠道发炎和肝脏问题。根部也是一种很好的祛痰药，包括治疗咳嗽、喉咙痛和痰多淤血，这就是它常被推荐用来缓解呼吸道感染的原因。甘草制剂也被草药师建议用来帮助抗压力和疲劳，因为据说它能加强肾上腺功能。

安全性

甘草会让你的身体在保留钠的同时，增加对钾的排泄，这将对某些敏感个体的血压产生影响。如果你有中、重度高血压，最好避免食用这种草药。你还可以在延长治疗的过程中，每日增加额外的钾的摄入量，或多富含钾元素的药物。标准英语版的针对中医的《草本医学》（*Materia Medica*）说，甘草不宜用于水肿、高血压、低血钾症（缺钾）或者有充血性心脏衰竭的人群。过敏反应比较罕见，但还是有可能的。过敏反应通常表现为皮疹和消化不适。

一些草药师告诫，妇女怀孕期间谨慎使用甘草，但许多中国传统医书却不回避。

种植

甘草的原产地在地中海及中国南部地区，甘草在草原和灌木丛中生长，喜欢在阳光充足、凉爽和干燥的地方出现，耐不住潮湿和漫长的严寒。甘草修长的主根在非常松软、深厚的土壤中延伸得最好，不过，如果是黏土，甘草会变得入侵性很强。如果你想要得到最佳的药效，不要使用肥料催生；加入甘草喜爱的石灰或钙即可，不必添加任何营养肥料。如果你不想它到处疯长，请使用网格或支撑物让其攀爬。如果照顾得好，那就等着过几年看它的蓬勃生机吧！种子的发芽，需要适宜的温度，事先在热水中浸泡或破皮，效果更佳。你还可以把根部分成几段，确保每一段留有1~2颗芽苞，然后垂直种在土里。你甚至可以在收获根部后，移植根茎。

收获甘草

采集这种草药需要一点点地规划，因为要在第三年或第四年的秋天或春天挖掘甘草根，而如果在收获前一季节不让甘草开花（花苞一长出来就要掐掉），根部则长势最好。根部通常是垂直切割，以利于干燥。当你储存甘草的时候，请记住，甘草容易长霉菌，会吸引小虫。

女贞

分类：木犀科
（*Ligustrum lucidum*）

> 　　古人用这种现代常见景观灌木的紫色浆果，作为调节免疫和激素的补品。

　　这种植物也叫作中华女贞或蜡女贞。在中医，它叫"女贞子"。女贞是一种随处可见的景观植物，以至于在非常炎热的地区，它会被视为野草。当你在改造自己的花园的时候，往往不经意间就除去了一两种女贞的近亲！女贞那暗紫色的果实非常漂亮，鸟类，特别是雪松太平鸟，会成群地啄食女贞子。然而，虽然女贞非常常见，但是女贞是传统中药中经典、广泛使用的滋补药材的事实，知道的人却不多。

● 描述

　　女贞是一种灌木或乔木，有厚实、光亮、深绿色的叶子和白色花簇。花谢后，长出小巧的、深紫色或黑色的浆果。女贞树往往被修剪成树篱的样子，这使它无法结出果实，但是，如果任其生长成树木形状，它能长到40英尺高。在温暖的季节，它很有可能在秋季过渡到冬季的月份，结出累累的果实。不过，千万不要把中华女贞或日本女贞与欧洲女贞（L.vulgare）混为一谈，欧洲女贞在绝大多数情况下，只能长成树篱状，而且据说欧洲女贞还具有轻微的毒性。

● 制剂及用法

要制成茶剂，取新鲜或干女贞子煎煮40～60分钟，每日饮2～3杯。也可以制作干茶浓缩剂，取1/2茶匙的浓缩剂，加入少许热水，即可泡成速溶茶。市面上可以买到酊剂和糖浆，许多胶囊和药片中都包含有女贞成分，请按照包装上的说明服用。

● 治愈功效

女贞的浆果在中药中被认为是上等的佳品。在治疗由于压力和过度劳累引发的慢性肾上腺皮质功能虚弱，伴随腰痛、耳鸣、须发早白、视力模糊、双腿乏力等症状的药方中，都会加入女贞这一味药。

一些研究表明，在癌症治疗中，女贞浆果能增强免疫系统，还可以作为一种适应剂，帮助调节内分泌和神经系统功能。在中医文献中，女贞常常被推荐长期使用，特别是给老年人和身体虚弱人士服用。

女贞浆果也被用于治疗潮热、易怒、头晕和其他与肝脏有关的缺乏症。

● 安全性

目前还没有发现相关问题。

● 种植

女贞不仅在温暖的气候环境中能够生长，而且能够适应寒冷的环境，甚至霜冻和严寒。在女贞生长的地方，最大的问题是如何管好它——因为，有时在一天之内，你会发现它竟然会长高3英寸。不要把女贞剪成树篱，因为这样会降低它结果的可能性。相反，你应该给它充足的空间，让它长成树的形状，每年只修剪一次，这样才能获得浆果。在四季分明的气候中，你或许需要把它种在花盆里，天气恶劣时给它及时的保护。种子或者扦插都很容易发芽，作为一种苗圃植物，幼苗也很容易买得到。全日照或部分遮阴都可以。这种植物对土壤没有特别的要求，比较耐旱。要记住，掉下来的果实会把地上弄得十分脏乱，还有，女贞树要等长到4～5年后才会结果。

● 收获女贞

女贞浆果熟至变成暗紫色的时候就可以采收了，采下来后要迅速洗净并分开。要彻底地、慢慢地晒干它们，好让它们在储存时不易变形。

黑种草

分类：毛茛科

（*Nigella damascene*）

> 这种美丽但生命短暂的一年生植物的种子，和橙子与香料配在一起，是无尽的烹饪美味。

黑种草和它的近亲黑孜然（N.sativa）是花园或阳台上的短暂过客。这两种香料，由于它们种子中的药用功效，已经引起人们的注意。原产于中东并自古以来用作香料的黑色小茴香籽，被发现存在于古埃及国王图坦卡蒙的陵墓中。两种香料的籽都令人心旷神怡——它们有着交织着薄荷、茴香和橙味之间的迷人香味。

● 描述

这种6～12英寸的一年生植物有着天蓝色或白色的五瓣多重花朵、线状的叶子和装着种子的像胶囊一样胀起来的果壳。果壳在很长一段时间内是绿色的，然后会变干，变干时保持着原有的球壳状。两种植物往往都会在夏天的高温到来之前生长。它们之间的不同之处，在于开花部位苞片的层数。两种植物都有伸向空中的、花瓣一样的苞片和叶子，这些苞片和叶子形成了黑种草（英语名为"在迷雾中爱我"）独特的"迷雾"一样的景观。两种黑种草都可在多种气候条件下生长。

制剂及用法

取1平茶匙的黑种草籽，倒入一杯刚烧开的热水，浸泡15～20分钟。每日饮用数次，每次1杯。也可以用50%纯酒精和50%水的溶剂，制成酊剂。将1～2滴酊剂滴入水或茶中，每日数次，或有需要时饮用。

如用作香料，在烘烤面包前把黑种草籽随意撒在面团上即可；或者撒入冰沙、汤、咖喱和炖菜中；还能撒在沙拉上。黑种草的花朵十分美丽，可以用于插花装饰，干燥的种荚也可以在干花装饰中增添情趣。

治愈功效

上述的两个品种有相似的外观和味道，但黑孜然是被人们研究得最多的。根据化学分析，黑孜然的抗炎功效更强。黑种草很有可能也有类似的功效，但是可能弱一些。

两种植物的种子都含有健康的脂肪酸，如亚油酸、芳香挥发油，以及少量的其他活性物质。

如今，在亚洲和北非的一些地区，黑色小茴香的种子是一种非常流行的香料和药物。它的使用有着悠久的历史，这些用法在古代典籍中有所记录：人们煎煮、食用这些种子，来减轻胃部和排气疼痛；治愈溃疡；促进呼吸道、肝、肾和循环系统的健康。必要时，它们还被用作利尿剂。3000多年前，埃及人相信，这些籽是万能的，对任何疾病都有益。它们的治愈功效在伊斯兰教圣经里也被提及：据说穆罕默德每天将黑种草混合蜂蜜食用。在伊斯兰教圣经里，他说："经常食用这些籽吧，除死亡以外，一切它都能治愈。"

最近，黑孜然籽在世界上又掀起了一轮种植的高潮。两种植物都被发现有抗菌、退烧、止痛、抗氧化、激活免疫力的功效，相当于轻度雌激素、抗癌和降低胆固醇的作用。

安全性

　　一些关于黑种草安全性的研究显示，整个种植和植物精华都是安全的。极少数情况下，一些人在接触种子时会产生皮疹。大量食用生的种子会导致胃部不适，因此，在食用之前，要稍微烤一下再吃，或者把它们加入菜肴中，以减少胃部不适的风险。

种植

　　这些美味的一年生植物似乎是天外之物！说真的，那些总是企盼着春天的赏赐的园丁，不必费吹灰之力就可以栽培出黑种草。两种植物都喜欢充足的阳光和水分，不过它们不喜欢积水。黑种草种子发芽很容易，除非在结籽之前被连根拔掉，否则会年复一年地生长。黑种草只需直接播种，播种季节要么是秋天，要么是很早的初春。如果你想要它们持续开花，每3～4周就播种一次，当然，夏天的炎热也使它们无法发芽。

收获黑种草和黑孜然

　　当装有籽的胶囊状果壳成熟、变黄时，捏碎果壳，收集种子。种子可以干燥、压成粉末。

药蜀葵

分类：锦葵科

（*Althaea officinalis*）

> 将蔬菜和药蜀葵根一块烤，药蜀葵的叶子可做沙拉。

药蜀葵的英文名字是"棉花糖"。在过去，棉花糖就是用药蜀葵的根部通过冷水浸泡，取其释放出来的丝滑的黏液，捣烂后加入糖或蜂蜜制成的。但现在的棉花糖和最早的棉花糖不同。当然，过去的棉花糖比现在的要健康得多！后来棉花糖经过改良，成了欧洲皇室的甜点——棉花糖，是用糖、蛋清和药蜀葵根做成的软绵绵的甜品。

● 描述

这种多年生植物，有着箭头形的柔软、像波浪一样的灰绿色叶子，和像碟子一样形状的粉红色花朵。药蜀葵全身，尤其是根部存有相当浓厚的黏液。药蜀葵是蜀葵的近亲（其根在关键时刻可以替代药蜀葵根）。这种漂亮的植物高挑、细长，微风吹来，风姿绰约。

● 制剂及用法

药蜀葵的根部可制成茶汤、酊剂、糖浆、胶囊和药片。你还可以在药蜀葵成长的季节，当根部还没有长出来的时候（虽然这时药效较低，黏液水平也较低），用叶子来泡茶或制成酊剂。

要制成冷水泡剂，应将药蜀葵浸泡30分钟。滤除根部，每日饮用数次，每次1杯。

● 治愈功效

药蜀葵根能减轻不适及炎症，在草药配方和产品中深受喜爱。药蜀葵还可以单独食用，用来治疗泌尿系统及呼吸道感染和肠道刺激及炎症。

药蜀葵茶剂喝起来非常舒心，具有温和的消炎作用。草药师推荐药蜀葵来减缓喉咙痛、膀胱炎、胃部刺激、溃疡和腹泻症状。外用时，它被用作膏药来舒缓皮肤所受的刺激。药蜀葵的根部含有高达35%的黏液，形成了具有舒缓功能的凝胶，能保护、冷却、滋润伤口和发炎的组织。

● 安全性

因为能形成一层厚厚的凝胶，如果药蜀葵茶剂很浓，理论上，它会影响或延缓某些化学药物的吸收。如果此时你正在服药，应在服药1小时后，才能服用药蜀葵。

● 种植

这种优雅的草本植物，生于沼泽地带，但它只要有充足的水分，就算是长在全日照或遮阴地区，都一样能长势良好。考虑到药蜀葵在深厚、肥沃、排水良好的沙质土壤中产出的黏液最多，因此，你甚至可以把它种于某个泥泞的地点。如果盆栽，可以将花盆移到阳台上，半个酒桶或相似大小的花盆就很好。如果你把药蜀葵种在地上，要注意药蜀葵是田鼠"追捧"的目标，因此如果你家附近有这些天敌，那么要在药蜀葵的根部附近安装鼠笼。田鼠在美国东部也是一个问题，虽然这个问题可以通过捕鼠器或养猫来解决！由于这种植物高大柔软，如果种在一起，将形成美丽的景观；种的时候，每棵植株隔开10英寸即可。药蜀葵的种子在早春发芽，层积处理稍微有助于发芽；还可以通过分根来繁殖药蜀葵。

● 收获药蜀葵

最好是在开花时节，从顶部往下10英寸的地方，采割顶端茎部或数片叶子。在生长期第二年的任何时候，都可以采割根部，但只有在秋季时根部黏液浓度才最高——随着植株变老，根部的纤维会变得越来越多、越来越干，用处也越来越少。把根部切成细小均匀的薄片晾干。它极易吸收水分而变潮，能轻易吸引小虫，因此要把它放进密封的容器中储存。

毛蕊花

分类：玄参科

（*Verbascum spp.*）

摘下这种芳香的花朵，来缓解耳朵疼痛；用它那柔软的叶子，来治疗喉咙痛和肺痛。

虽然毛蕊花原产于欧洲，但它在北美各个州省都有生长，遍地开花。在北美，你会发现它零星地长在路旁或大片的田野里。草药园里没有它是不一样的——毛蕊花从花朵到根部，全身都有医治各种不同疾病的药效。在许多文化中，人们把它混入烟草中，来舒缓肺部。曾经，它的花梗被抹上石蜡或油，当作火把使用。据说女巫在午夜仪式上会点燃毛蕊花火把。这就是为什么毛蕊花在古代也被称为"女巫的蜡烛"的缘故。

● 描述

这种相貌庄严的两年生植物有着长长的、柔软的、矛形或卵形的叶子，在第一年叶子为基生莲座叶丛，第二年沿着花茎继续往上生长，越往上叶子越小。花茎能高达8英尺，植株能长到3英尺宽。毛蕊花的萼花多呈黄色的圆形，大约1英寸宽，常出现在盛夏到夏末之间。

● 制剂及用法

毛蕊花叶通常制成泡剂：浸泡30分钟，滤除叶子，每次1杯，每日数次。酊剂有时也会用到，但药效相当弱。要制作毛蕊花油，将橄榄油倒入新鲜花朵中，没过花朵，浸泡数日，然后滤掉花朵，把油装进棕色玻璃罐，放置于黑暗的橱柜。根据使用者的年龄，取2～4滴，早晚各1次滴入患者的耳朵。

● 治愈功效

人们青睐把毛蕊花叶放进茶剂和其他制剂中，治疗咳嗽、咽喉炎、感冒、痰多，甚至支气管炎和哮喘，被认为是补肺良药。它们含有舒缓作用的黏液和抗菌化合物，帮助抗感染，对呼吸道黏膜的祛痰有舒缓作用。

毛蕊花的叶子和花朵都常常被用作淋巴清洁剂，促使皮肤和免疫系统更加健康。毛蕊花油的滴液可减少炎症、耳痛，还能治疗咽鼓管、内耳和耳道发炎。毛蕊花的根部可用作茶剂，不仅有利于前列腺，还可用来缓解尿路刺激或感染症状。

● 安全性

如果毛蕊花叶子上的细毛没有完全从毛蕊花茶中滤除，会引起咽喉不适。你可以使用原色咖啡过滤器，来确保把细毛全部过滤出去。接触带细毛的

叶子，可能会使敏感人群皮肤瘙痒。并无其他顾虑。

● 种植

毛蕊花是健壮的耐旱两年生植物，可自身传种，每年都会在花园里自行选择一个新的落脚点。我们任由其在自己的落脚点生长，不过期待它长在花园的深处，因为它们会长得很高很大（而且不好移植）。它们更喜欢充足的阳光、贫瘠的土壤，在干旱的气候中表现良好。在开花的第二年后，你可以将它连根拔起，堆肥，或者在温暖的气候下，花期过后齐地剪掉地面部分。这样第二年它就会再次发芽，成为娇嫩的常年生植物。在四季分明的地带，你可以分期播种。在秋天或春天，直接把种子轻轻地压到地表下面。种子需要光线才能发芽，所以不要覆土。

● 收获毛蕊花

在一年当中的任何时刻，都可以剪下健康的毛蕊花叶子。在露水已干但外面的空气仍然清凉时，轻轻地摘下已经盛开的毛蕊花花朵。它们非常娇嫩，因此采摘时要小心，不要压坏或损伤它们，要把它们放置在阴凉的地方。如果要收割根部，应在第一年的秋天就挖掘，把它剁碎成均匀的小块晾干。毛蕊花叶片要花上好几个星期才能晾干——你可以把它们切成小条来加快干燥速度，但不要使用高温加速干燥，因为这会让它们变色。花朵干燥效果不好，因此我们不推荐尝试。

荨麻

分类：荨麻科

（*Urtica dioica*）

没戴手套就"不要摸我"！不过，荨麻的叶子可是春秋进补的佳品。

荨麻的刺远近闻名，甚至都已经进入到语言里面：荨麻的英文是"nettle"，就是"找碴儿"的意思。荨麻能造成刺痛感，那是因为它那细小的毛发里面充满了刺激性的化学物质，当人或动物碰到它时，这些化学物质就会释放出来。不过，如果经过烹饪，这些刺就会消失，荨麻将成为最美味、最营养的美餐。这种植物历史悠久，遍布全世界。除了药品，它还被用作织物、羊皮纸、化妆品和食物。荨麻英语通用名之所以是nettle，可能由于在过去它被用作渔夫的渔网的缘故。

● 描述

荨麻是一种直立的、多年生草本植物，能长到2~4英尺高，以匍匐地下茎的方式蔓延。荨麻的绿色叶子和地上茎都覆盖着刺毛。绿色的花簇出现在枝头，夏天的热气过后，便很快结籽，因此，有时很难分清哪些是花，哪些是籽。

● 制剂及用法

浓缩荨麻茶可以通过小火煨荨麻顶部30~60分钟制成。饭前后饮用1/2~1

杯，即便是每日1次，也会颇见成效。市面上可以买到荨麻叶酊剂，但是药效往往较弱。荨麻根制成的酊剂、片剂和胶囊也随处可见。请按照包装上的说明服用。

还可以在汤或砂锅菜中加入荨麻头顶部分（开花之前采摘），像煮菠菜一样。在制作奶酪时，它还可以作为一种温和的凝乳酶剂来凝结牛奶。

● 治愈功效

荨麻叶的价值在于它的利尿、抗组胺、抗炎和营养特性。草药师推荐它来治疗花粉热、关节炎、风湿病、贫血、膀胱炎、水潴留和痛风，它还有其他多种传统用途。

荨麻的地下茎（根茎）提取物制作成胶囊和药片，有时还混合了锯叶棕或者其他草药，以减少前列腺炎症，缓解由前列腺肥大造成的排尿疼痛。酊剂和其他的荨麻籽配方被认为有益于肾脏，因此被推荐作为一种一般性补药，帮助防治或去除肾结石。

几百年来，助产士和许多保健品从业者，都推荐荨麻茶或胶囊、药片形式的荨麻浓萃物作为女性的补品。甚至在妇女怀孕期也可以帮助"造血"（虽然这并未在正式的临床研究中有所记录）。荨麻叶往往具有高浓度的钙和其他矿物质，被认为是一种浓缩的草本营养补充剂。

● 安全性

注意荨麻的刺毛！虽然关节炎患者曾描述，荨麻蜇过的地方有症状缓解的现象，但在收获荨麻时，还是应当穿长袖、戴手套。对所刺地方的过敏反应是很常见的，有些人的反应还相当强烈。刺痛的感觉一般一两个小时内就会消退，极个别人要等到第二天。晾干后的荨麻毛刺减少，如果经过烹饪，毛刺将完全消失。如果内服干荨麻或烹饪后的荨麻，则不必担心毛刺。

● 种植

荨麻的原产地为欧洲和亚洲，不过也有一些品种盛产于北美。它都生长在靠近溪流或湖边的地区（都具有同样药效）。因此你能猜到，这种植物喜欢

部分或全部遮阴，潮湿、肥沃的土壤，还喜欢每年一次左右的氮肥。它的根茎在上述条件下能快速轻易蔓延。要注意把荨麻种在花坛的中心，远离边界，以避免不知情的访客被它碰到。把种子撒在泥土表面，低温层积处理，或者在秋季播种以迎接冬季的低温。或者，更好的办法是，秋天挖出根茎，切成每段6英寸，水平放置种植。

● 收获荨麻

首先，穿上结实耐磨的手套和厚外套。把多肉、柔软的有叶茎部上半部分6~12英寸，连同健康的叶子一起，从较硬的下半部分采摘下来。如果采摘的季节较早，还可以把整个植株连同地面上部分割下，这样荨麻会重新生长，你又会得到第二次丰收。如果种子已经成熟，就不要采摘叶子，因为这时叶子里已经产生草酸盐晶体，如果长期食用这种物质，会刺激肾脏。在第二年的秋季或冬季，在植株枯死以后收获根茎。收获荨麻籽应在种子成熟后，在种子变成褐色之前。叶和籽都干得很快，不过根茎应当切成薄片或剁成碎粒后再干燥。

牛至 ☀

分类：唇形科
（*Origanum vulgare*）

不管你是正在做大蒜酱还是正在治疗感染，厨房里都不能没有这种植物！

我们能否把比萨饼说成是一种保健食品？不可能吧！虽然不至于此，但是，请继续往下读，请马上种上一些牛至吧！研究已经证明，牛至油可是最强的抗菌和抗真菌剂之一。"牛至"一词的英文含义就是"高山上的欢乐"，牛至那耀眼的花朵和流动的习性，在其地中海的栖息地中熠熠生辉。

● 描述

这种多年生草本植物有着分叉的枝茎，可以延长至2～3英尺。其花朵呈椭圆形或球形叶的穗状花序，颜色从白色到粉红不等。牛至有许多品种和杂交品种，其圆叶在大小、细毛和颜色上都不一样，有绿色的，有灰色的，颜色各不相同。在夏天，你会看到蜜蜂、蝴蝶和其他授粉昆虫围绕着牛至，数目之多，令人惊叹。马郁兰和牛至稍有不同，马郁兰的香味更甜，体内不含强百里酚和苯酚（抗菌成分）。百里香含有相同的活性化学物质，使用方法和牛至相似。

● 制剂及用法

制作标准茶剂，每日饭后饮用数杯，或取1～2滴酊剂，加入热水或茶中。服用胶囊装的粉末或牛至油时，请遵照标签的说明服用。可以自己制作牛至油，用于烹饪或护肤。滋润手脚时，轻轻按摩以达到更好的吸收。还可以购买精油，将1盎司橄榄油或杏仁油加入1滴精油中，使用方法相同。

● 治愈功效

这种植物中的挥发性组分（即加热时释放的成分）含有大量的萜烯麝香草酚。这是所有植物中发现的最有效的广谱抗菌化学成分之一。许多研究已经表明，萜烯麝香草酚可对抗多种病原微生物，包括李斯特菌和MRSA菌（耐甲氧西林金黄色葡萄球菌），并且效果显著。

牛至是我们烹饪酱料中的常见成分，因此，常常食用这些酱料，你会得到一些抗氧化的益处。牛至也用于治疗上呼吸道感染和刺激消化（虽然你会更想用浓缩的制品，如泡剂、酊剂、牛至油或新制干草胶囊）。几个世纪以来，人们在牛至身上找到了许多其他药效，包括镇静、催眠、抗菌和止痛的作用。你还可以买到用橄榄油稀释的牛至精油胶囊，或者，你可以自己制作牛至油，用于防治肠道寄生虫病。牛至油作为一种（和化学药物相比）温和的草本抗生素，可以治疗各种轻度感染，包括呼吸道和泌尿感染。

安全性

除非只是小剂量（1～3滴），或者经执业保健人士推荐，否则不要私自内服牛至精油。如果只是加入食物或者以酊剂服用，则没有已报告的安全问题。

种植

牛至喜爱充足的阳光和较干燥、排水良好的石灰质土壤。如用压条法和播种法，它会长得很快。在温带的气候下，它会不经意间从某个地方冒出来。繁殖时，播种、茎扦插、压条或挖开大片牛至，取牛至根或茎繁殖都很容易。马郁兰和牛至都原产于地中海，因此非常不耐寒，不过也因品种而异。如果不是在温暖的气候下种植，那么它们一般都为一年生植物。不管是放在室内还是阳台上，如果把牛至放置于温暖、阳光充足的位置，它都会长出花盆的边缘。

收获牛至

如果烹饪用，只需摘下嫩叶，在菜肴收火的时候加入牛至，这样它的药效就不会被破坏。你可以在牛至叶制剂中加入柔嫩的茎。如果牛至开花，将要枯死，你可以把它齐地剪平，浇水，用少许鱼乳液或堆肥补充营养，然后静待下一个生长季节的来临。想要干燥牛至，就要保证它不被暴露在强光或高热之下；最终的成品应该是绿意盎然的，就像牛至本身的颜色。

俄勒冈葡萄

分类：伏牛花科

（*Mahonia aquifolium*）

美洲印第安人早在几个世纪以前，就认识到俄勒冈葡萄有治疗感染的作用。

不是每个人都可以养植北美土著人的良药——金印草，因为它需要浓密的阔叶林遮阴，还需要深深的、肥沃的土壤。金印草根以其抗菌作用而闻名，是含黄连素物质最重要的来源之一。而抗旱的俄勒冈葡萄则是金印草的替代品：它不用太多的打理，只需标准规格的养护，而且，几乎它身上的所有部分都可使用。

● 描述

这种多刺、灌木状的常绿多年生植物，有着明亮的、像黄色纽扣一样的花朵，还有酸酸的蓝色浆果。这一切都让俄勒冈葡萄魅力非凡，值得一种。不管是小型的M.repens还是大型的M.aquifolium品种，它都有着标志性的光亮，像冬青刺棱的叶子。黄色的茎和根部都有苦涩味。

● 制剂及用法

使用根部或茎下部制作标准汤剂，每日数次，每次1/4～1/2杯。俄勒冈葡萄根常和清洁药草一同使用，如牛蒡、蒲公英或红三叶草，根据传统药草习俗，可以调节肝脏和胆汁。

俄勒冈葡萄根和其他含有黄连素成分的草药，如黄连、金印草，甚至黄连素提纯物本身，都可以在市面的产品找到或在网上买到。如需购买，请遵照产品上的标签指示使用。酊剂产品也可制作，茶剂的浓缩剂可涂抹于疖子、痤疮和皮肤受刺激的部位。

● 治愈功效

俄勒冈葡萄的根部和茎下部含有黄色生物碱小檗碱，具有广谱抗菌活性。最近研究表明，小檗碱具有降低体内炎症、调节血糖、提高胰岛素敏感性和降低胆固醇的能力。

俄勒冈葡萄根和肝、胆相关，具有降温、减少炎症的作用，还能调节胆汁。含有黄连素的植物，例如金印草和中国的黄连，已经在世界上广泛使用，有助于缓解小腹部位（尤其是和肠道有关）和肝脏（对胆囊发炎有益）的发炎症状。俄勒冈葡萄根做成的茶剂、酊剂和其他提取物形式，对诸如皮肤炎、湿疹、疖、痤疮等皮肤问题特别有好处，并对胃溃疡也很有疗效。

● 安全性

含有黄连素的任何草药都在女人怀孕期间有禁忌，因为报告表明，它可导致新生儿黄疸。但是，黄连素不会导致流产，虽然这一观点也有人反对。不过，在怀孕期间，如果没有有资质的医务人员的建议，就不要私自使用含有黄连素的草药。

在大多数情况下，含有黄连素的草药，如俄勒冈葡萄根，都是很安全的。不要服用超过推荐的剂量，也不要未经医生允许长期服用超过1~2周。与其他药物相比，黄连素可导致血液水平升高多达50%。

● 种植

猜猜俄勒冈葡萄的原产地在哪里？现在，它分布广泛，从西北太平洋的高海拔地区到加拿大，俄勒冈葡萄适应于充足的日照或部分遮阴的环境，并且在美国大陆的大部分地区都耐严寒。它喜欢肥沃、湿润、偏酸性、排水良好的土壤，但如排水不畅，则长势不好。如果条件适合，它会四处蔓延。如果发现生长几年后叶子发红、发亮，不要担心，因为俄勒冈葡萄就是这样。如果它枝叶太长，你可以在春天修剪成原状，但不要过度修剪。绝大多数人采用扦插或尝试取其匍匐茎分根繁殖，因为种子繁殖很困难。如果你想尝试，你应该在秋季播种，或者进行3个月的低温层积处理后待到春天播种，不过即便这样，发芽率仍不稳定。

● 收获俄勒冈葡萄

　　在2～3年后的休眠季节挖掘根部（可以尝试分冠繁殖）。庆幸的是，有一种方法可以避免伤害植株：可以采集枝茎，扔掉不是黄色的部分以及浆果部分。把根部或茎部切成均匀的小片进行干燥。

胡椒薄荷
和留兰香

分类：唇形科

（*Mentha x piperita and M.spicata*）

　　　　不管是在糖果、牙膏还是花茶中，胡椒薄荷和留兰香都有助于排气和消化。

在关于薄荷的神话中，有一个故事是这样的，希腊女神门斯（Menthe）被父亲河神变成一棵植物。多么美好的开端啊！薄荷清凉的气息从糖果、甜点、牙膏和清洁剂中丝丝透出。这是一种在花园中放荡不羁的植物，并在过去不停地成功杂交，形成了现在无数的杂交和混合的品种。

● 描述

薄荷是多年生草本植物。胡椒薄荷和留兰香都极易蔓延疯长，都有着鲜明、独特的香气。胡椒薄荷和留兰香比起来，叶子往往较小、较暗，茎部带紫色。留兰香的叶子则质感更强，颜色更亮绿。胡椒薄荷有四处流动、蔓延的习性，而留兰香往往更直立地生长。

● 制剂及用法

你可以用胡椒薄荷和留兰香制作泡剂、酊剂、乳霜。把薄荷油洒在百花干混合盆中，增加芳疗作用。如果喜欢，饭后饮1杯泡剂。如果你有饭后排气或消化的问题，带一小瓶胡椒薄荷油在身上是个很不错的选择。需要时可取2～3滴，加入1杯热水。你可以根据市面出售的含胡椒薄荷油的护理品，如化妆品、口腔护理和咽喉含片，自制护理品。

● 治愈功效

几乎在每一家主流餐厅，都能找到胡椒薄荷茶。为什么胡椒薄荷茶如此持久不衰呢？或许是因为它的味道为人熟悉和令人清爽吧，也许是因为薄荷茶在预防和缓解饭后排气非常有效的缘故。

制作胡椒薄荷茶浓泡剂，每次1升左右，放入冰箱冷藏（这样能保存长达1个星期的时间）。在比较凉爽的月份，每次加热一杯饮用，在温暖的月份，可以喝冷饮，甚至加冰块。它可以清理肠道，消除恶心、呕吐、胃灼热、孕吐症状，还可防治与肠易激综合征和结肠炎相关的痉挛性症状。人们经常用胡椒薄荷茶来缓解由普通感冒、流感、发烧和头痛引起的不适症状。留兰香也有许多相同的益处，但药效要温和许多。

● 安全性

在孕期和哺乳期，适量使用胡椒薄荷茶是安全的。制作茶剂的时候，不要煮太长的时间（不要超过30分钟），因为熬制太长时间会增加单宁的含量而刺激胃部。不过如果不是服用非常大的剂量，这也不大可能发生。

薄荷脑这种薄荷中的主要活性成分，其安全性在过去一直受到质疑。然而，并无研究显示，薄荷脑会导致心脏节律不规则。薄荷精油应当谨慎使用，每次1~3滴的剂量。请记住，市面上标有"超级强力"字样的薄荷糖，里面胡椒薄荷油的含量相当高——但这个警告却没有标出来。

● 种植

所有的薄荷在全日照到部分遮阴的地带都长势良好，它们喜欢肥沃、潮湿的碱性土壤。它们在非常寒冷或非常炎热的气候中长势不好。天气炎热时要定期浇水，最好使用滴灌而不是喷灌，还要给它们施含氮较高的肥料，如粪肥，以便增加植株的薄荷油产量。它们会在花园里疯狂蔓延，因此栽种在阳台的花盆中是一个很好的选择。如果种在地上，可以把冠头去掉底部，埋在地下，然后把薄荷苗种在上面，这样就能限制它们的根部扩展。薄荷种子发芽不稳定，因此应采用分茎或分根、压条的方法繁殖，或者在现有的薄荷丛中打理出一小片区域。

● 收获胡椒薄荷和留兰香

在薄荷长到全盛之前摘取顶端6~9英寸的繁茂部位，然后把地表以上的剩下部分全部剪掉，这样薄荷会长出新的一茬。收割下来的薄荷在放进室内之前，要保存在阴凉的地方。按照干燥薄荷的方法干燥胡椒薄荷和留兰香：确保它们放置于黑暗中，避免高热。因为挥发油含量高，所以薄荷的保质期很短。和罗勒一样，薄荷放在重复使用的塑料袋里冷冻，然后解冻后使用。

红三叶草 ※

分类：豆科

（*Trifolium pretense*）

　　　　红三叶草在现代治疗中，主要针对缓解"生活变化"带来的症状。

　　这种全方位的健康草药、血液净化剂是20世纪初草本混合普及时代的关键组成部分，被用于包括在护士茶、克里斯多夫医生的红三叶草组合配方和胡克思配方在内的癌症治疗法中。红三叶草自古以来一直在欧洲大陆作为好运和丰盛的象征。它随着早期殖民者来到美洲之后，很快就在美洲印第安人部落中流传开了。

● 描述

　　这种粗壮的三叶草有着深粉色而不是红色的丰满、圆形的头状花序。在三片苞叶上，每个花序中，有无数细小的豌豆花状花朵。红三叶草的叶子上有标志性的白色"V"字形状。它的茎很软，可高达2英尺，成片长起来时，有一种柔和的气息。

● 制剂及用法

　　制作红三叶草浓泡剂或酊剂，每次饮用1/2～1杯，每日3次。市面上卖的红三叶草制剂，除了糖浆和酏剂外，还包括酊剂、浓缩和通常是标准化提取物（包括数量一致的金雀异黄素）的胶囊和药片。如用成品药，请遵照包装说明服用。

● 治愈功效

红三叶草花的顶端是一间名副其实的药店，含有多种活性化合物，能够减少炎症、刺激免疫反应，还能改善肝功能。根据传统医学，这种草药的制剂能有效祛痰、调节血液流量、帮助身体治愈如湿疹、牛皮癣、痤疮和皮炎等皮肤病。

红三叶草配方被公认为"血液净化剂"，这很有可能是因为红三叶草体内所具有的黄酮类和被称为苯酚的其他化合物的活性化学物质。这些物质起到了抗炎药的作用，具有抗炎特性和相当于温和的激素的作用，并刺激肝胆。血液净化器被认为会慢慢改变细胞和组织的功能，使它们更接近于正常、健康的功能。它们也被认为会有助于建立一个健康的体内环境，对皮肤和身体中的大型器官有好处。在草药师建议用来帮助身体排毒、抗癌的许多配方中，红三叶草都是其中的成分。

红三叶草中含有类似异黄酮的功能的成分——染料木素。染料木素已被广泛地研究，现在，染料木素已被做成一种膳食补充剂，作为一种天然的雌激素来代替异黄酮在市面上销售。

● 安全性

红三叶草中等强度的汤剂可以定期使用。不要在孕期服用，因为有人称它具有雌激素的作用。

理论上，红三叶草制剂可能会增加或增强抗凝药的作用。然而，红三叶草所含的香豆素不像抗凝血药（如双香豆素或华法林），且作用比它们弱很多。

● 种植

红三叶草在开阔的草地和牧场长势茂盛（pretense的意思为"在草地上"）。它喜爱充足的阳光和肥沃、排水良好的土壤，但也不挑剔。要定期浇水，植株就会长得又高大又健康。两次浇水之间应让土壤稍微干燥，这种轻度缺水的紧迫感会让红三叶草开花。红三叶草是生命较短的常年生植物，但在绝大部分地区应该每年都播种。用孕育剂或层积处理种子，在秋季（如果所在地区冬天不下雪的话）直接播种，或者初春播种。

● 收获红三叶草

当花朵盛情绽放时，轻轻地捏住，用拇指掐断花朵。可以连头状花序下的三片叶子也一起摘下。它们成熟的时候会变成褐色，但只要褐色部分少于花朵的1/3，药效仍然很强。采摘红三叶草要在一天的早晨，这时只有轻微的露水，这样可以帮助红三叶草保持原有的颜色。每隔2~3天采摘一次，这样花朵会持续开放。花朵干得很快，因此要密切注意，避免干燥过度。储存时，应挤压花朵的中心部位，以确保已无水分残留。红三叶草要放在阴暗、凉爽的地方储存，以免褪色。

红景天

分类：景天科

（*Rhoioloa rosea*）

俄罗斯人和瑞典人通过这种北方的肉质草本植物保持头脑清醒。

如果你居住在高海拔地区，或者只能享受短暂的夏季，这种植物就最适合你了。红景天在西藏和欧亚大陆的山区，尤其在斯堪的纳维亚半岛和俄罗斯有着悠久的使用历史，并为古希腊的医生和中国的皇帝们所熟知。在西伯利亚，新婚夫妇有接受红景天祝愿多子多福的传统。由于全世界对红景天的大量需求，在北部地区的国家，红景天的自然种群受到了威胁——因此，最好的办法，是你自己在家种植。

● 描述

这种常年生的肉质植物是一种生长缓慢、形状奇特的美丽植物。它有4~10英寸高，根基处伸出几个绿色莲座丛。它的肉质叶环绕着花茎螺旋上升，星形的黄色花朵聚集在花茎顶部。干燥的根部有淡淡的玫瑰香味。红景天在高海拔地区长势凶猛，但也可以在较低海拔处培植。

● 制剂及用法

要制作茶剂，切碎红景天的根部，浸泡一两个小时。每次啜饮1/4杯，每日2~4次（你还可以加入少许甘草来改善口感）。或者，你也可以取70/30的溶媒（即70%为乙醇，30%为水）制作酊剂。服用时，取1/4~1/2茶匙，放入少许茶或水，每日饮用2~3次即可。

红景天根部的标准提取物（规定含有3%~5%的肉桂醇甙和1%的红景天甙，红景天植株里的活性成分）在市面上很常见，而绝大多数的临床研究是针对极少的几个广泛存在的产品进行的。表明红景天的积极效果的临床实验显示，每日摄入至少340毫克，最多680毫克，持续3~6天，红景天的效果就会显现。

● 治愈功效

红景天在斯堪的纳维亚半岛和俄罗斯非常受欢迎，它的受欢迎程度在许多其他国家也在升温，其中包括美国和加拿大。红景天根被认为是一种非常重要的适应原（一种帮助身体适应压力、恢复正常健康功能的物质），并被用于帮助缓解压力和疲劳，促进身体活力和良好的心理功能。

红景天的根在斯堪的纳维亚半岛被比作人参，具有包括抗抑郁、抗氧化、抗病毒、刺激免疫系统、镇静、滋补心肺等多种有益功能。超过

20多个临床研究（其中包括一些小型的、初步的和不受控的）表明，经常使用红景天有许多益处，包括改善记忆、抵抗精神和身体疲劳、改善身心机能，尤其在脑力劳动或体育锻炼后，受益明显。至少两项研究显示了红景天在减少焦虑和紧张方面的可测量的结果。

● 安全性

尚无已知安全问题。

● 种植

红景天喜欢干燥、沙质的土壤。它和北极植物一样，能耐寒。将它放置在阳光充足的花园岩地，不铺地膜，也不要施肥。你可以自行实验，据了解，红景天能够在不同的土壤里生长，适应性还是相当强的。如果地点合适，它甚至能够自身传种。如果所在之处冬季多雨潮湿，就要保证排水良好。

你可以把种子浸泡一个晚上，在秋冬季把种子撒在土壤表面。或者，在土壤还要持续几周或几个月才能返暖、湿度还很低的初春撒种。这样，播种繁殖还是很容易的。你还可以在开花之前使用扦插繁殖。不过，最简单的繁殖方法还是分株。分株时要注意：要确保每根分离的嫩芽（在植株的根基处）下面，都有足够的地下茎，然后才装盆。如果想要自己留种，需把雄性植株（红花）和雌性植株（黄花）种在一起。

● 收获红景天

植株长至4～5年后，挖掘根部。要注意根部的顶端，从那里，颜色开始变得不同，茎部的根基连在一起，这就是根冠。你可以从这个部位把根部割下来，重新种植。收获下来的根部，要用高压喷水清洗，因为红景天的根扎于地下深处，带有沙砾。把根剁成均匀的小粒晾晒，然后就可以享受在干燥过程中散发的芬芳花香了！

迷迭香

分类：唇形科
（*Rosmarinu officinalis*）

迷迭香能让橄榄油发出迷人的香味，是橄榄油的绝配。迷迭香还能帮助人们减轻身体的疼痛。

迷迭香，这种关于记忆的草本植物，是一种用途最为广泛的草药。用迷迭香可以使食物和油添加风味，用它来清洗头发，让你的沐浴充满香味——甚至还可以用它来提高考试成绩！迷迭香是自然界中最好的抗氧化剂和防腐剂之一，因此，它还甚至被用于食品工业。除此之外，它还是一种了不起的"栖息植物"（能够把有益的授粉者吸引到花园中的植物）。它那蓝色的花朵上，经常挤满了蜜蜂。你的花园里不能没有它。

● 描述

迷迭香耐旱，是一种树脂质的芳香木本灌木，有着窄窄的、针状的叶子。不管是原生或是野生品种，都有娇嫩的蓝色或紫色的花朵（开花的时期根据不同气候条件不同）。在育苗园，你会发现迷迭香有几十个不同的品种，它们具有不同的习性和花色。一些直立的品种可以长到6英尺高。

制剂及用法

迷迭香可做茶剂，若想得到更强的抗氧化能力，则可做成汤剂（做成汤剂药效更强、更苦）。迷迭香做成酊剂效果也很好，服用时，取1～2滴加入水或茶中。将1茶匙迷迭香醋放入少许水中，饭前饮用，清爽提神。迷迭香提取物可以加入许多膳食补充剂和食物中，以获得抗氧化和其他健康益处。

做成迷迭香油，睡前涂于足部，尤其是脚趾缝间。此药的应用会增强血液循环，减少一天工作后的足部疼痛和疲劳。

治愈功效

你或许已经知道迷迭香是一种烹饪香料，但并不知道它还是一种草药。那么，再想一下。它的化学成分复杂，包含了许多具有强大保护作用的酚类化合物（一种在葡萄、石榴，还有绿茶中发现的抗氧化化学物质）。定期加入你的饮食，甚至每日补充迷迭香，会让你从它所含的抗氧化物质中获得抗衰老和保护的药效。

从古到今，人们就知道迷迭香能够激活神经系统和大脑功能、消除疲劳，有助缓解头痛、强化消化功能，有益于心血管系统。要特别强调的是，它与心脏和心血管系统健康之间的关系，早就为人所知。人们建立这种联系是有道理的，因为迷迭香具有强大的抗氧化和防护功能，还对血液流通具有很好的效果。

说到血液流通，迷迭香调节经血和缓解痛经的名声已久。传统中医学认为，身体里的任何疼痛都是由于血液和生命能量的停滞引起的，因此，迷迭香促使能量和血液在体内循环的事实，让它具有了缓解疼痛的功效。

莎士比亚曾写道："迷迭香，我的记忆。"这句话，每个草药师都知道。它指的是这种植物作为记忆益草的悠久传统。

安全性

迷迭香既是烹饪香料，又是药草，因此，安全性是早已有所保障的。如果高浓度的迷迭香油没有经过橄榄油或杏仁油稀释就直接涂抹到皮肤上，皮肤敏感的人会出现轻微的皮肤刺激现象。

● 种植

　　我们常说，迷迭香生长真正需要的东西，是阳光——阴影会使迷迭香暗淡无光、生长缓慢。在地中海周围地带，你会发现迷迭香长在悬崖和白垩岩上。它喜欢沙质、岩石、贫瘠的土壤和优良的排水。迷迭香只要生长起来，稍微浇水即可。如果你所在之处冬天气候温暖，每年修剪至第一次长高的地方，否则枝茎会变硬。如果冬天严寒，要把它种在盆中，每天地面结冰前放置室内。选一个室内不要太热但有阳光的地方，大约一周给植株喷雾。如要繁殖新苗，扦插、压条或分根，这些都是可以的。

● 收获迷迭香

　　一年中的任何时候，都可采摘迷迭香顶部的芽（只要茎部是嫩的，并长度不超过12英寸），或者把叶子从茎部摘下来。迷迭香叶中的油，在植株开花时含量最高。使用低火在黑暗中干燥，因为迷迭香容易变成棕色。

鼠尾草

分类：唇形科

（*Salvia officinalis*）

　　你要种的，是放在调味架上的那种鼠尾草——要知道，原生的鼠尾草就有500个品种呢！

鼠尾草是一种深受人们喜爱的园林植物和烹饪香料。鼠尾草的拉丁名意为"拯救"，暗含着这种植物在群芳谱中的尊贵地位：它是一种古老、神圣的药草。作为大家熟知的香料，鼠尾草只是这种植物多个品种中的其中之一；除此之外，还有许多品种和类型。不过，花园鼠尾草最为人所知的功用，是作为感恩节火鸡内部的填充料。

● 描述

鼠尾草只是多种药用鼠尾草种类的其中之一。它香味独特，是一种常绿的木本多年生灌木，有紫色、粉红色或白色的花朵和带纹理的叶子。耐旱的花园鼠尾草能长到2英尺高，3英尺宽，给无数授粉昆虫提供了一个安全的避风港。

● 制剂及用法

用鼠尾草制作标准泡剂，每次1/2~1杯，每日2~3次。因为鼠尾草含有少量的侧柏酮，所以最好不要长达数周地饮用超过上述剂量。在恢复饮用之前要停用1~2周。如做漱口水或咽喉用药，按需含入浓泡剂漱口，每日2~5次。

● 治愈功效

鼠尾草茶剂，是我们需要减轻喉咙痛和不适症状时首推的草药。在寒冷的季节，我们经常会把一小袋鼠尾草嫩叶带在身边，咀嚼它们，把那具有愈合、麻醉功能的汁液吞下去，来麻痹酸痛感，帮助加速愈合。鼠尾草加柠檬茶是治疗感冒和流感的绝佳饮品，尤其当你加入一些百里香时，可以额外增强抗菌作用。

鼠尾草还是一种著名的草本除臭剂，在市面上的喷药和除臭膏里面都能找到。鼠尾草用作除臭剂是可以的，因为我们都知道，鼠尾草有抗菌作用，还有一种愉快的、泥土般的气味。

传统上，哺乳期的妇女用鼠尾草来止奶。可以用温和的泡剂来达到这种目的，但我们建议，在怀孕期或哺乳期避免食用这种植物，因为婴儿有可能会对鼠尾草中的化合物侧柏酮敏感。草药师还建议，在育龄期的最后几年，可使用鼠尾草来减少更年期潮热导致的出汗。

● 安全性

我们不建议内服鼠尾草酊剂或鼠尾草油，因为，它们都含有比茶剂要高很多的萜烯侧柏酮。鼠尾草并不适于持续、长期地使用，而在妇女孕期和哺乳期，这种草药都要避免。

● 种植

鼠尾草喜爱充足的阳光，只要土壤干燥或排水良好，凉爽到高温的气温它都能接受。我们发现，鼠尾草会变得干枯，尤其是水分太多时，它的生命期会变短。它在漫长的冰冻期间不会存活太久，不过你可以通过用叶子、稻草或其他轻地膜覆盖的方式为它保暖。如果你的居住地气候恶劣，希望鼠尾草安稳抵御严寒，则可以把鼠尾草种在一个带保护棚的地方，甚至种在阳台上的花盆里以便冬季时搬回室内。成长期间要把鼠尾草掐头（以免开花），然后在每个休眠季节修剪1/3以上。在冬季气候恶劣的地区，不要在春天新一茬的嫩芽长出来之前修剪鼠尾草。

你可以播种繁殖（如果层积处理，发芽更容易），或者，你可以在植株开花之前的春天扦插繁殖。如果茎在春季长得很长，压条也是很好的办法。

● 收获鼠尾草

你可以在植株开花之前和花开全盛期，连同柔软的茎部一起采摘鼠尾草叶。叶子还湿时，不要采摘，因为要得到最高含量的精油，需要等到中午。你可以在夏季炎热时节，修剪第一波长起来的枝叶，这样就会刺激新一轮的生长。鼠尾草要完全在阴暗处干燥，还需要稳定的低温以防变成褐色。

夏枯草

分类：唇形科

(*Prunella vulgaris*)

> 夏枯草的英文名字是"自我愈合，治愈百病"（selfheal,
> heal all）。从简单的眼睛疲劳到全身炎症，"治愈百病"真的是
> 名副其实。

看到夏枯草福音一般的英文头衔，你会想象这种植物一定是高大威猛、引人注意吧？错了，它只是默默地藏在你的草坪中。不过，在中国和欧洲，从公元2世纪以来夏枯草就已用于外用和内服。它的学名Prunella是从德语die Brunella中的brunella一词演变而来，die Brunella意为"扁桃腺炎"（咽喉脓肿），而夏枯草在中世纪常常被用来治疗咽喉脓肿。

描述

夏枯草是一种匍匐的多年生植物，在森林、草原、高山地带的草甸，还有草坪等湿润的地方自行生长。它伸出能攀到1英尺高的带枝杈的柔软花茎，长着柔嫩的椭圆形或枪形的叶子，穗状花序上开着漂亮的粉色或蓝紫色花朵。

● 制剂及用法

夏枯草可以用作茶剂、酊剂、胶囊和药片形式的提取物。制成浓泡剂，每日饮用1~3杯。服用酊剂，取1~2滴加到温水或茶中，每日服用2~4次。其他产品请遵照标签说明服用。

● 治愈功效

夏枯草是传统中医和西方文化中典型的草药。在欧洲，自中世纪以来，人们就已经使用夏枯草。它在16世纪被人作为伤口愈合草药和口舌疾病漱口药。

在中国，夏枯草至少从14世纪就被用作一种使肝酶正常化和退烧的清洁草药。根据传统中医思想，每个内脏器官都分别对应一种感觉器官，而肝脏则对应眼部。因此，夏枯草茶既可以用作茶剂，也可以用作洗剂来缓解眼睛疲劳、充血、瘙痒、麦粒肿及其他眼部炎症。夏枯草茶及提取物可以有助于缓解和肝脏失调有关的头痛、头晕。

夏枯草包含保护和抗氧化化合物酚酸树脂，酚酸树脂起到了抗氧化剂的作用，还有类似于石榴和绿茶中发现的抗炎的功能。由于口感温和清爽，夏枯草茶或提取物可以作为健康、安神的饮品经常使用，对肝脏、皮肤和全身都有好处。

一系列的研究表明，夏枯草可以保护血管，具有预防流感、疱疹溃疡和抗艾滋病毒的功效。

● 安全性

目前尚无已知的安全性问题。

● 种植

夏枯草喜欢生长在部分遮阴的地方；你也可以把它置于全日照下，但要充分地给它浇水。要给它相当湿润的土壤，不要施肥太多。一旦头状花序变成褐色，即可齐地剪平，以促进下一轮的花开。夏枯草低矮匍匐，会在干燥的夏季枯萎。它能抵抗一些霜冻，虽然是生命较短的多年生植物，但它能传种并通过匍匐茎蔓延得很快。夏枯草密密地铺在其他植物周围，是一种非常漂亮的植被。如果为盆栽，从盆边像瀑布一样洒下来的夏枯草，甚是美丽。

经过低温层积处理后的播种繁殖是最好的，或者你还可以在早春时节，在最后一场霜冻前播种。扦插的成功率较低，但分株的成功率较高。

● 收获夏枯草

从最靠近花朵的几片叶子下面开始，摘下花朵。在西方药学中，我们认为，当花朵至少开到三分之一、最多只有四分之一变褐色时，花朵才具有药效。然而，传统中医认为，采摘花朵时节应为"枯萎"的时候，这意味着这时花朵已经变成褐色。干燥这种植物时，要确保低热，因为它变质得很快。

北美黄芩

分类：唇形科

（*Scutellaria lateriflora*）

这种美丽的植物，叶子和茎都能用来镇定神经、缓解焦虑。

要应对当今的快节奏、紧张的城市生活，什么都比不过舒缓、滋润的北美黄芩。北美印第安人在欧洲殖民者到来之前，就开始使用北美黄芩。在地球的另一边，中国人正在使用与之相关的另一个品种——半枝莲。现在，中国的半枝莲和黄芩（主要收获其根部）都正在进入西方草药界，种植方法和北美黄芩差不多。

● 描述

这种耐寒的多年生草本植物原产于北美的东部，轮廓精巧细致，高约2英尺。北美黄芩的叶子是绿色的，像薄荷叶（不过没有薄荷味），其花朵小巧，颜色由天蓝到紫色不一。北美黄芩的花朵呈头盔状，由此引发了人们的灵感，英文命名为"盖帽"；而它的每粒种子则如小盾牌一般，这也是它的拉丁属名"Scutellaria"的由来。

● 制剂及用法

把北美黄芩做成标准茶剂或酊剂。它味道微苦，因此具有舒缓、消化补品的功能。我们推荐服用时，添加更美味的消化类药材，比如陈皮（陈皮也具有舒缓的功能）。

● 治愈功效

北美黄芩被草药师广泛地推荐为一种神经镇静剂。因此，从广义上看，这种草药对神经系统有补益作用。北美黄芩被用来减少紧张和焦虑，在某些情况下，还能用来治疗失眠。现代研究已经证实了这些用途。它药性温和，因此不是真正意义上的镇静剂。不过，如果持续服用数周，它却能切实有助于平缓紧张的神经，并能和药性更猛的缬草相得益彰。北美黄芩和其他的神经镇静药起着互补的作用，在更大的药草群体中，如啤酒花、西番莲和薰衣草等，其作用非凡。

北美黄芩还用于治疗痉挛、神经痛和癫痫症。在更早的时候，医生开设这种药方来治疗疯狗咬伤。当然，如果真的被狗咬伤，我们不会希望采取这种方式来治病！其他的古老民间用途包括治疗性欲过旺（在过去，僧侣为了保持他们的虔诚戒律而饮用北美黄芩茶。不过，对于北美黄芩抗睾丸素的这种用法和想法，并没有得到现代的证据支持）和缓解性瘾。

安全性

北美黄芩被认为在孕期和哺乳期使用是安全的，长期使用也是安全的。有一点需要注意，在市面销售的制剂中可能掺假，或者用某种石蚕属植物来代替北美黄芩。而石蚕会增加敏感个体的肝脏压力，因此最好避免。要保证自己的草药正宗、百分百安全，最好的办法就是：自己种植！

种植

北美黄芩原产于河岸和潮湿地带，喜爱充足的水分。根据水分含量和温度，把北美黄芩种于全日照或西晒时部分遮阴的地方都可以。每年施肥1~2次，要经常除草，以消除这种精贵植物周围的竞争者。因为这种植物的形状并不紧凑，所以几棵植株种在一起，比单棵植株种在花园中更赏心悦目。在阳台的花盆里种上一簇也非常漂亮。

北美黄芩的繁殖很简单。它可以播种繁殖，但需要一段时间才能发芽。秋季室外播种，或层积处理后春季室内播种，或者土壤尚寒时直接播种。扦插和分根都不如播种繁殖容易成功。

收获北美黄芩

从花期开始到结束的整个期间，采摘顶部柔嫩的茎部和叶子。如果在花季的早期就齐地修剪，你将得到第二轮的繁茂枝叶。叶子干得很快，茎部干燥的时间要稍微长些。

甜叶菊

分类：菊科

（*Stevia rebaudiana*）

这种植物在日本用来给健怡可乐调味，现在是美国最畅销的天然甜味剂。

甜叶菊是一种了不起的传统无热量甜味剂。甜叶菊中的活性物质比蔗糖要甜300倍，但却不会引起蛀牙，也不会升高血糖水平。面对糖尿病的肆虐，是时候好好考虑一下这种美丽植物的作用啦！

描述

甜叶菊原产于巴拉圭的热带地区，传统上用于玛黛茶（maté tea，一种南美流行的含咖啡因的饮品）。这种柔软的灌木有着扇形的绿叶和白色小花，能长到2英尺高。在温暖、潮湿的气候，这种叶子会长到2英寸长，但如果长在较凉爽的环境里或是条件受限，叶片就会长得小一些。

制剂及用法

只要平时使用到糖或者其他甜味剂的食谱，都可用甜叶菊代替——新鲜的、干的、提取液、粉末都可以。按照配方进行，不要害怕尝试；然而，如果大量使用，甜叶菊会太甜，颜色还不好看。有的人形容回味的感觉，犹如甘草的味道，有时还略带苦味（虽然你会发现甜叶菊产品很少回味）。用自己种的甜叶菊，加25%的乙醇溶媒（可以使用酒精纯度为50%的伏特加）制造酊剂，并将其保存在1～2盎司的滴瓶中。你可以随身携带，随时为饮料或食物中增甜。当然你还可以将干叶细细研磨，或者制作干燥提取物。

● 治愈功效

在美国，甜叶菊基本上只是用于为食物和饮料增甜。不过，和糖不同，甜叶菊提取物有一些"附带好处"（而不是"副作用"）。它不会提高或降低血糖或血压，而且，事实已经证明它能防止蛀牙。它不含热量，烹饪中相当稳定。它还有助于消化、让胃部平缓。

在南美的部分地区，甜叶菊在过去被推荐治疗高血压、用作利尿剂和强心剂（强化心肌）、防止蛀牙，甚至对抗疲劳、抑郁症和感染，现在仍然这样使用。一些最近的美国研究表明，它能显著降低血压，改善生活质量。另一些研究，包括关于1型和2型糖尿病的研究，血压、血糖和糖化血红蛋白测试（一种测量糖尿病可能性的方法）的研究，也显示了更多相关的结果。

● 安全性

相当大型的临床实验中，没有发现任何耐受性和安全性的问题。食品工业，尤其是在美国和南美，用甜叶菊给饮料调味已有多年。专家发表了许多关于甜叶菊安全性的研究论文。在20世纪90年代，人们对甜叶菊还有所疑虑和限制，但现在，甜叶菊已被美国食品及药物管理局列为GRAS级别（一般公认为安全级别）。

● 种植

如果你不是在热带地区种植，这种美味的植物会是一年生。它是阳光窗台或明亮门廊上的理想植物。如在室外，它也需要充足的阳光，湿润但不潮湿的土壤和良好的排水。给它施些肥料，确保土壤肥沃。甜叶菊喜爱潮湿，因此在温室中长势良好。不论将它放在哪里，只要你时不时为它喷雾，它都会喜欢。把它种在阳台的花盆中，如果居住的地方不是完全无霜区，冬天要把甜叶菊放入室内。

甜叶菊播种繁殖效果不好：只有在漫长、潮湿的生长季节，种植才会成功，但发芽率非常低。如果你执意尝试这种方法，一定要把种子放在土壤的表面，不只轻轻按下，还要经常保持湿润。如果采用切茎扦插和分根法则更容易成功。

● 收获甜叶菊

只采摘叶子，因为茎部的味道稍微过于强烈，接近苦味。要达到更好的效果，应在花开之前摘下叶子。如果在室外收获甜叶菊，一定要在阴凉处采摘。干燥甜叶菊的时候，应保持低温、持续的火候，避免变为褐色。

圣约翰草 ❋

分类：金丝桃科

（*Hypericum perforatum*）

这种植物光泽耀眼，金黄色的叶子在挤压时会变成红色。

圣约翰草一词的由来，是由于传统上这种植物的采摘季节正好是圣约翰节（6月24日），花开正艳的时候。圣约翰草从欧洲传入，一到美国，就给牧场工人带来了麻烦。牛、羊吃了这种草后，导致了光过敏疾病。于是，它很遗憾地被宣布进入有害杂草名列。不过，虽然它是入侵物种，但仍是一种从远古时代流传下来的关于太阳的神圣药草，直至今天，仍是一种重要、广泛的有治疗作用植物。

● 描述

圣约翰草是一种直立的多年生的植物，能长到3英尺高，在其茎的末梢有亮黄色的花簇。它那小而椭圆的叶子上布满了半透明的斑点——有一个品种，就叫通花圣约翰草，指的就是这种穿孔一样的斑点。它在阳光充足的开阔地区，在扰动土（去除原生植物的裸露土壤）中长势蓬勃。这种植物在冬天好似一张宽阔低矮、无穷无尽的绿毯子。

● 制剂及用法

自制酊剂和浸泡油很容易制作，也应用广泛。服用酊剂，取2～3滴，加入少许水或果汁，每日2次；油可以随意使用。不管是标准化还是非标准化的，或是全谱系的，圣约翰草提取物的胶囊和药片都有卖。如服用成品，请遵照产品标签说明服用。剂量根据个人的体重和敏感程度判断，体重轻、敏感人群每日服用900毫克，体重重、不敏感的人每日服用1800毫克。

● 治愈功效

20世纪90年代中期，报纸上宣称，圣约翰草在调节情绪上有和百忧解同样的积极效果，且没有副作用。公众对这种植物的意识随之兴起。自从那时起，出现很多关于它的文章，它也无疑成为临床研究和综合分析的目标。人们对它研究之多，没有别的天然药物可以超越。令人惊讶的是，圣约翰草早在2000年前就被推荐用于治疗焦虑，被称为神奇植物。那些古老的用途，最终促使现代研究来揭示其抗抑郁的药效。

草药师如今建议，使用开花的末梢来治疗轻度至重度抑郁症和失眠；缓解如周围神经病变、带状疱疹、创伤等慢性神经疼痛；治疗外伤引起的神经损伤。圣约翰草有时也适宜尿床的儿童使用。外用时，减缓皮肤发炎和擦伤、烧伤、晒伤与扭伤的疼痛，浸泡油广受青睐。

● 安全性

关于长期服用圣约翰草所需的治愈剂量，请咨询医生或有经验的草药师。如果正在服用如抗排斥药、血液稀释剂或抗逆转录病毒药等药物，那么要避免经常服用圣约翰草，因为圣约翰草会导致服药过程中血清水平变化。光敏作用是有可能的，但只发生在大量、经常服用圣约翰草，而且皮肤白皙的个体身上。

● 种植

圣约翰草喜欢充足的阳光、干燥的气候条件、贫瘠或一般性白垩土，在寒冷的冬天也能生长。在合适的条件下，它靠匍匐茎蔓延，轻易地自身传种。实际上，它被认为是入侵物种。在加利福尼亚、科罗拉多、蒙大拿、内华达、俄勒冈、华盛顿和怀俄明州，种植圣约翰草都是非法的。如果没有居住在上述地区，就可以从播种开始：先层积处理，然后轻压入土壤表面。也可以尝试分株，但经验告诉我们，分株要比播种的成功率低，因为移植长势不好。

● 收获圣约翰草

在花序已经部分结籽，但部分还在开花时，把开花的末梢（顶端1~4英寸）捋下来。如果你要收获的是大批量的圣约翰草，切记不要堆积，因为这容易产生田间热，导致瘀伤。你可以戴手套，或者在收获后洗手，以防过量的金丝桃素渗透皮肤。开花末梢干得很快，而它们的保质期可能会比通常所说的时间要短，有时只有短短的6个月。务必将其放在阴凉、避光、干燥的地方。

百里香

分类：唇形科

（*Thymus vulgaris*）

喝百里香茶，预防和治疗咽喉感染、支气管和肺部感染。

百里香是让人垂涎的典型药草之一。这是一种装饰花园边界的美丽植物，具有十分强大的抗菌功能，花园里不能没有它。有谁能真正知道百里香是什么吗？答案会令你大吃一惊：全世界至少有350个百里香品种，形成了庞大而有趣的种群。而这么多的百里香，全都具有促进愈合的药效。

● 描述

百里香具有心旷神怡的芳香，是一种缓慢生长的木质多年生灌木。不同品种的百里香，有的直立生长，有的贴地生长，在地上形成一层厚厚的毯子。它的花朵呈白色到宝石红色不等，叶子微小。蜜蜂对它喜爱有加，厨师和草药师也同样喜欢百里香。百里香的许多品种，香气和口味都令人垂涎、兴奋，但最有药效的，还属古老普通的英国百里香。

● 制剂及用法

做成轻度到中度的茶剂，是我们最喜爱的做法。往水里加入新鲜或干燥的花枝和叶子，在标准茶泡剂的基础上，增加草药量，即可制成比较浓的茶。

加入少许蜂蜜或甘草茶，根据所需每日频繁饮用，每次1/2～1杯。如需长时间保存百里香茶以备外出携带，加入少许25%（酒精浓度为50%）的酒精和1/2茶匙的维生素C粉。这样混合的百里香茶可以在冰箱里保存至少一个星期。百里香还可以用作酊剂、锭剂、糖浆、喷雾剂和各种感冒和流感药剂。请按标签说明使用。

● 治愈功效

百里香是一种非常好的愈合饮品，在欧洲地区被公认为治疗感冒、支气管炎和咽喉炎等上呼吸道感染的精选良药。当需要抗感染时，每日喝上1～2杯。百里香还被推荐用于改善消化、咳嗽和黏液堵塞，还能作为抗菌洗剂外用。

● 安全性

百里香茶或制剂中的挥发油对皮肤和黏膜具有一定的刺激作用，除此之外，基本上没有任何顾虑。如果要使用挥发油，务必以等量的橄榄油或杏仁油稀释。茶剂在怀孕期间服用是绝对安全的。

● 种植

百里香喜爱充足的阳光和排水良好的土壤。如果浇水过度或者因雨量过大而排水不及时，它的根会腐烂。许多品种在四季分明的地区是耐寒的，不过，百里香还是更喜欢地中海夏季干燥、冬季温和的气候。春季蓬勃生长过后，修剪至一半的高度；或者在开花之前修剪至茎部第一茬长的高度。然后（如果生长地气候温暖）在秋季或者是在很早的早春（如果生长地四季分明）尽量多修剪，以防止百里香植株变高变硬。百里香的种子往往发芽率低，并容易受潮，因此许多花农更愿意采用春季扦插或分株的方法繁殖。

● 收获百里香

在开花前或开花期间，采收植株的木质以上部分的枝叶。枝叶整体干燥，然后把叶子剥离或扯下储存。

姜黄

分类：姜科

（ *Curcuma longa* ）

姜黄是一种了不起的药草，从关节炎到溃疡感染，疗效众多。

姜黄在2500年以前，就已被亚述人使用。它在印度教的信仰中具有神圣地位，不仅在药橱里，在厨房里也是个全明星。实际上，在"功能性膳食"运动中，姜黄就是草药的典型代表，人们用它来说明：经常在饭中或以补充形式食用食物和香料提取物，可以帮助人们预防慢性疾病。看见咖喱菜中的亮黄色了吗？想想看能得到多少益处！

● 描述

姜黄是一种大叶、细长的植物，能长到2~5英尺高，有着圆柄和黄色的花朵。不过一般栽培中，花朵很少见。它原产于印度次大陆潮湿的热带森林。棕黄的根部就是这种植物的药用部分。

● 制剂及用法

听到我们推荐用姜黄做饭，你不会吃惊吧！姜黄可以随意地加入食物中，每日大约食用1/4~1/2盎司（1~15克）。茶剂和酊剂也相当有效。和其他草药，如生姜一起制作标准汤剂，每日2次，每次1/2～1杯。在许多草药和膳食补充剂中，都可以见到姜黄根茎和隔离成分姜黄素的提取物的身影。要服用市面销售的产品，请按照标签指示服用。你也可以自己制作药膏外敷。

● 治愈功效

不管是在亚洲作为菜肴增色增香的香料，还是作为现代医学的超级巨星，姜黄都是草药王国的无价之宝。几乎所有的慢性疾病都是身体潜在炎症变化的结果——古代、现代中医大师们称之为"阴虚"。而当现代医学意识到这一点，姜黄因其抗炎的治疗良效，在人们心中受到了热烈的追捧。

姜黄的根部含有一种强抗炎物质姜黄素。姜黄素通过多种生化途径与其他化合物发生作用。传统上，这种香料被做成茶剂和提取物，用来治疗关节炎、肌腱炎、心脏疾病、肝脏和消化系统问题。现在，初步的临床研究证实，它能用于癌症的预防和治疗癌症前病变、消化痛和胃溃疡。外用时，姜黄可以敷于患处和叮咬处，用于预防和治疗感染。

● 安全性

使用姜黄烹饪和制茶时不存在安全问题，但要避免怀孕期使用浓缩或标准化提取物。斐济的妇女使用姜黄来催乳，不过，如果摄入量太大，会导致不孕。这种情况在使用标准化提取物时会出现。此外，如果你在服用血液稀释剂或服用标准化提取物时要谨慎，非常高剂量的姜黄浓缩剂，已被证明在一些动物实验中是有毒的。不过，如果使用较低剂量的话，则不用担心。

● 种植

除非生活在热带地区，否则你需要在阳台或阳光门廊上种植姜黄。直接购买姜黄根茎，放至斑驳的树荫下（或如果你住在非常靠北的地方，全日照）潮湿、肥沃、排水良好的土壤中。你甚至可以从市场上买一条新鲜的根，把它放在家里的花盆中。想要提高新鲜草药的数量，则需把根茎切成几块，确保每块上面至少有一个芽眼（根本身隆起的褶皱）。把根茎块埋在花盆中数寸深的土壤下面，芽眼朝上，并确保土壤保持湿润、温暖。嫩芽将在2~3周长出。如果你想要姜黄在花盆中待的时间较长，要确保花盆够深，因为姜黄根会长到8~10英寸长。要是周围的温度降到15.5℃以下，姜黄便无法存活。一旦太阳持续直射，叶子也会烧焦。同样，生姜的生长方式与其相同，也喜欢同样的生长条件，因此，你可以将姜黄和生姜一起种！

● 收获姜黄

要等到姜黄已经长好，至少长到1~2英尺高时，才能收获。此后的冬天，姜黄会枯死过去。如果你在春天种植姜黄，它会在寒冷的天气到来之前就枯萎、下垂。从土壤中拔起姜黄根，如果喜欢的话，重新种植根冠和较小的根部。把姜黄切成均匀的小片干燥，然后放入阴凉、避光的地方。还可以把姜黄研成粉末烹调用。

缬草 ✳

分类：缬草科

（*Valerianna officinalis*）

你需要药物帮助才能入睡或熟睡吗？草药师推荐缬草超过其他任何草药。

过去，缬草有一个名字，叫作"蒲"。有人说，那是因为当你闻到它的根的味道时，会发出"噗"的声音。干缬草闻起来像臭袜子，真是个坏名声。不过，新鲜的缬草根有一种奇异、诱人的香味。在西藏，有些品种被用于制作香水。据称，这些缬草对异性很有吸引力呢！因为缬草已经被充分地研究，并在传统上用于睡眠和舒缓心情，所以，不要让气味成为你探寻这种草药的障碍！把它种在自家花园就好。它外形美丽，容易种植。猫也会很喜欢它，而且会摧残它，就像摧残猫薄荷一样！

● 描述

这种美丽耐寒的常年生植物有着香气怡人的根部（新鲜时）、深分叉的叶片和高高的花柄上面如蕾丝般散开的白色或粉红色的小巧花朵簇。

● 制剂及用法

根据我们的经验，最强药效和最佳制药是用新鲜收获的、洗净的根部做成的酊剂。每年（或至少每两年）制作新鲜酊剂来保持药效。取1/2~1茶匙（如果需要，加到1汤匙）酊剂，加入少许水或茶（黄春菊茶剂是个不错的选择）。针对慢性失眠，早晚服用酊剂，持续1周以上；连续服用缬草效果更佳。

胶囊和药片形式的干燥制品，在舒缓功能和有效性上，不如新鲜根部提取物。当暴露在光线和氧气中时，缬草中的活性成分非常不稳定，因此把根部干燥、磨粉后的效果是最差的。

● 治愈功效

如果要简单概括缬草，我们就要给它"睡眠草"的美名。毫无疑问，至少10个世纪以来，缬草都是欧洲草药界和文化中平缓神经系统、促进健康睡眠的最重要的草药。有一项有趣的临床实验，两组志愿者在手腕上戴上了传感器和记录仪。其中一组服用缬草制剂，另一组服用安慰剂。第二天早上，研究人员发现，服用缬草剂组比服用安慰剂组入睡更快、翻覆更少。

缬草制剂被草药师推荐应对失眠、焦虑、神经紧张、情绪不安，以及神经性消化不良和头痛等相关症状。其他用途包括减轻经期痉挛、减少心悸（与山楂或啤酒花合用）、治疗疼痛（与黄春菊合用）。

● 安全性

有些人报告说，使用缬草根提取物后，对身体有意想不到的刺激作用。不过，这一般是在该药物为干燥老根的时候才比较有可能发生。如果是新鲜制药，则不太可能发生。有报告表明，大剂量地食用有时会导致头疼，但这只是很罕见的、极个别的现象。根据酊剂的药效和个体的敏感程度不同，对某个人的有效剂量，对于另一个人可能却是过量的。不要私自服用超过推荐的剂量。

● 种植

缬草原产于潮湿的森林边缘、沼泽和田边，因此它喜爱充足的阳光，不过也能耐受部分的遮阴。它的确也需要湿润、丰富和肥沃的土壤（甚至可以耐受排水欠佳的地区），因此在非常炎热的天气你要将它从阳台或阳光棚下挪向相对阴凉的地方。要定期堆肥或施其他有机肥。一些商用种植者为了让根部更强壮而摘掉花柄，不过，我们舍不得掐去那漂亮的花朵！缬草会自己结种，在好的环境下还会自己传播生长。

你可以用播种法或分根法开始种植。缬草种子生命短暂，因此收获种子后，应在一年之内种植。在低温时把缬草播种在土壤的表面即可。土壤在发芽之前一定要保持湿润。

● 收获缬草

挖掘缬草根的时间在生长期的第二年或第三年后，在秋季缬草枯萎后，次年春天叶子长全之前。若想促进根部更好地生长，需把花枝的末梢掐断。务必彻底清洗缬草根，因为沙土在上面黏得很牢。把缬草根切成均匀的小段干燥。缬草根有一种很特别的香气，请务必把干燥的缬草根放在远离热气和光照的地方。

西洋牡荆

分类：唇形科

（*Vitex agnus-castus*）

人们很早就发现了西洋牡荆对女性健康问题的价值。西洋牡荆对缓解经前综合征非常有用。

即便它有时候被认为是经典的"女性用药"，西洋牡荆果在文艺复兴时期的名字却是"僧侣辣椒"。之所以这么称呼，是因为它撒在修道院僧侣们的食物上面，具有降低性欲的能力。由于对它常有需求，所以，顺理成章地，僧侣们就养成了到处携带西洋牡荆的"习惯"。草药学家和药物研究者现在相信，西洋牡荆有调节生殖激素的能力，因此它获得了"正宗的激素补品"的名声。

● 描述

这种自古以来就为人所熟知的可爱落叶灌木，能在炎热的气候条件下长成一棵小树。在地中海和其他地区，它被用作观赏性植物。西洋牡荆有着分叉呈矛形的、形象鲜明的芳香叶子。夏天，无数紫色或淡紫色的花朵在穗状花序上绽放。花开过后，是秋天里淡红色到棕红色的小浆果；不过，要想结果，生长季节必须够长够暖。

● 制剂及用法

用这种芳香的水果（浆果）在浓烈的酒精（酒精浓度为150%以上的伏特加）中制作酊剂。早餐前后服用1～2滴，如果想要药效更强，夜晚服用1～2滴，要避免一日服用超过4～5滴。我们建议西洋牡荆只用作酊剂，因为西洋牡荆中的活性化合物不是特别溶于水，而茶剂的味道并不好喝，所以作为茶剂并不理想。如需市面上标准化提取物的成品，请遵照标签上的说明服用。

● 治愈功效

除了中国草药当归，西洋牡荆也是经典的妇科用药。它常被草药师推荐来缓解月经前的不良症状。临床研究证明，它能够缓解痉挛、乳房胀痛和月经周期有关的情绪波动。这些能力甚至可以和传统的化学药物相媲美。此外，由于西洋牡荆的副作用非常小，所以它是在尝试SSRI类药物（选择性5—羟色胺再吸收抑制剂，即包括如帕罗西汀、百忧解、左洛复和等抗抑郁药类的总称）和其他药物之前，非常值得一试的首选药。

现在已知，西洋牡荆提取物通过刺激脑下垂体，来调节提高一系列包括孕激素在内的重要的性激素。在临床上，这些激素的失衡会导致经前不适症状，如乳房胀痛等。其他西洋牡荆推荐治疗的症状还包括：月经不调、月经过多、月经推迟、点状出血、子宫肌瘤。它甚至还能治疗潮热，虽然对此还未有非常确凿的结论。酊剂还被推荐用于治疗青少年暗疮，效果显著。

● 安全性

基于多项临床实验和长期的传统用法观察，西洋牡荆的副作用是非常小的。研究和临床实验都表明，经常使用西洋牡荆有可能会与避孕药产生药效干扰。如果你正在使用孕激素补充剂，请不要服用西洋牡荆。孕期也要避免服用西洋牡荆。

● 种植

这种地中海植物需要充足的阳光和排水良好的土壤。它能耐受干旱和高温，不过，它也耐零下37.56℃的严寒，可以承受风吹。然而，如果你居住在四季分明的地区，西洋牡荆可能不会开花结果。尽量把西洋牡荆种在阳光最充足、最温暖的地点。不要给它施肥，土壤肥沃会导致花朵失色。如果你希望植株保持矮小浓密，请在晚冬修剪。它将是你阳台上又一种抗旱植物。

你可以从种子开始培植。先破皮、层积、在温水中浸泡，然后将种子撒在泥土表面，不要覆土。不过，最简单的繁殖方法是用春季或初夏长出的枝条扦插。

● 收获西洋牡荆

你可以用西洋牡荆的叶子来烹饪，或者和其他香料混合使用。当然，也有人用于药用。但如果作为草药的原料，建议你采摘浆果。秋天，当浆果从淡黑变成紫色，很容易从茎部分离出来的时候，就可以采摘浆果了。要确保收获是在秋天雨季到来之前，否则寒冷的天气会让浆果在树上发霉变黑。应在干燥之前把浆果和茎部分离。

苦艾

分类：菊科

（*Artemisia absinthium*）

迪奥斯克里德斯推荐加入苦艾来防止老鼠啃咬旧文件。

这种独特的、蕾丝形状的灌木，在某些行业最著名的功用，是作为那传奇的苦艾酒的主要成分。当然，它也是你能够种植的最苦的植物之一。草药界有一句箴言："苦于口，利于胃。"如果你暴饮暴食，需要一种很好的补救良药，那就考虑一下苦艾吧。它会是你值得信赖的良友！

● 描述

这种瘦高、直立和水平交错生长的常年生植物，易于打理，外形美观，是一种非常常见的观赏性植物。苦艾具有茂密的、银色或灰绿色的羽状叶子、细小的黄色花朵和令人愉快的香味。它能延伸到长、宽3英尺，往往会蔓延，基部呈木质。

● 制剂及用法

制成标准泡剂，每次饮用1/2～1杯，饭前饮用，每日1～2次。如果服用干枝末梢或干叶，理想的剂量是3～6克。我们不推荐苦艾制作酊剂。

苦艾油是著名的致幻饮料——苦艾酒的主要成分，但是，如今这种饮品的销售，在绝大多数欧洲国家和美国是受限制的，因为它含有有毒成分侧柏酮。

● 治愈功效

苦艾是一种历史悠久的草药。它的英文名称是"蛔虫木"，顾名思义，在针对治疗肠道寄生虫病方面，这种芳香的灌木早就为人所知。中世纪，僧侣们自己种植的花园里，就有这种草药。长期以来，修道院自制神奇的酊剂和利口酒，而众所周知，这种苦涩的草药，则被添进这些药酒当中。即便在今天，苦艾茶还作为一种清爽的苦味消化补品被广泛地食用，来对抗暴饮暴食之后的疼痛、排气、腹胀和胃部不适。它对治疗食欲不振、脂肪消化困难和胆囊不适有所裨益。

● 安全性

怀孕期和哺乳期要避免服用苦艾。不要服用超过推荐的剂量，也不要连续服用数周。根据一些草药医师的忠告，如果你胃酸过多（如你有频繁的胃灼热经历），就不要使用任何形式的苦艾。正常人在使用酒精提取物或精油时，要格外谨慎。

● 种植

苦艾原产于开放的草地，以及炎热、干燥的岩石坡地，因此它喜欢充足的阳光和贫瘠、排水良好的沙土（如果排水不够好，就容易受到真菌感染）。想要保证它第二年继续健康生长，需在冬季就较深入地修剪（剪到6~12英寸）。冬季严寒时，要覆盖处理。苦艾会向四周延展，所以在花园里要给予它足够的空间。繁殖时，可用播种、扦插或分根（苦艾随着年龄增长树形会变硬、扭曲，因此每隔三年重新种植一次为宜）。种子繁殖需要进行层积处理。种子遇到光线时发芽最理想，因此播种时，只需将种子轻轻按入土壤表层即可。

● 收获苦艾

当苦艾开花，处于早期到全盛时期期间，割下顶部4~6英寸部位的叶子、嫩茎和茎下部分的所有叶子。苦艾容易干燥，但往往会堆积成团。干燥过后，再把无关的物体拣出，操作起来比较容易。

洋蓍草

分类：菊科

（*Achillea millefolium*）

洋蓍草白色的花朵和芳香的叶子有助于伤口和感染的愈合。

有一种说法，希腊勇士阿喀琉斯还是婴儿时，母亲把他倒挂起来，浸在蓍草中。这给了他超凡的能力——不过，由于她的手握住了阿喀琉斯的脚跟，脚跟的位置没有被蓍草浸到。因此，这唯一的弱处，后来被箭射中，被称为"阿喀琉斯之踵"。别忘了，还有一条中世纪的传统：教堂墓地里种满了蓍草，是因为蓍草是对这些逝者的羞辱。因为这些人如果活着的时候吃了蓍草，他们就不会死去了！在中国，人们相信即便是蓍草秆也具有强大功能；很久以前，他们就用蓍草秆来占卜。

描述

洋蓍草的叶子分叉细致、芳香扑鼻，连在一起，好像一张低矮、延绵、大约1英尺厚的地毯。夏天，叶丛中伸出长达2英尺高的花柄，上面的伞状花序上聚满了小白花朵。蓍属植物原产于整个北半球（北美和欧亚大陆）。如果你想要种植最具药效的洋蓍草，一定要选用白花品种，不要选择苗圃中出售的有颜色的漂亮品种。

制剂及用法

制作泡剂，取1/4杯干花放入2杯开水中，浸泡20~30分钟。每次饮用1杯，每日2~3次。这种草药药效温和，可以定期服用2~3周。

缓解发烧和流感其他症状的传统做法是：取一份洋蓍草叶子或花朵、一份接骨木花、一份胡椒薄荷叶。把材料混合浸泡30分钟，根据需要，一天内经常服用。

众所周知，将洋蓍草叶直接涂于伤口处，有止血的功效。你可以把干粉当作急救药品随身携带。

治愈功效

洋蓍草茶微苦而芳香，是欧洲一种著名的配方，用于缓解感冒、流感、消化痛症状以及伴随脂肪消化困难的"肝郁"（胆汁流量小），还有尤其是摄入脂肪太多而导致的饭后饱胀感。实验室研究已有确凿的结论，洋蓍草具有抗炎、解痉挛（松弛子宫和消化道的平滑肌）、散热和抗病毒的效果。另一个额外的药效是洋蓍草似乎有镇静的作用，有助于缓解经期前症状和其他神经问题，涂于伤口时能止血。

事实证明，野生洋蓍草种群的化学和生物作用相当不稳定，因此，我们建议你自己种植洋蓍草。你可以自己播种或从我们推荐的地方获得植株，不要购买苗圃或搜集野外的洋蓍草。

● 安全性

除非有经验丰富的草药师指导，否则怀孕期和哺乳期妇女要避免服用洋蓍草。敏感个体对菊科家族成员会有过敏反应，不过这并不常见。过敏反应可表现为皮疹（即便只是处理草药时接触到，尤其是处理新鲜洋蓍草时）、消化道不适或头痛。

● 种植

洋蓍草生长于野外，从海平面到海拔3000m的高山上都有分布，你该知道它的适应性有多强了吧！洋蓍草在充足的阳光下长势茂盛，但也可以耐受部分遮阴。洋蓍草喜水分，但也可以耐受轻微干旱。它耐寒，如果长在栽培土（或干扰土）中，会蔓延得很快。洋蓍草喜欢贫瘠、酸性的土壤条件，所以，不要施肥。两次浇水之间要先让土壤干透。

如需用种子种植洋蓍草，就要在秋天播种或种植之前做层积处理（它通常是直接播种）。不过，分根繁殖也是一个很好的方法，有助于控制植株蔓延过快。

● 收获洋蓍草

洋蓍草的白色花朵（请不要种有颜色的品种）完全盛开时，摘下整个花簇，然后把剩下的花柄齐地剪平，以促进更多花朵开放。洋蓍草叶则在全年的任何时候都可以采收。干燥时，你可以把长长的花柄一同剪下，使用悬挂法，然后再把花朵摘下来。储存时，要保持花簇完好。

洋蕺菜

分类：三白草科

（*Anemopsis californica*）

> 这种芬芳扑鼻、三叶草一样的草药具有很强的抗病毒功效，
> 对尿路感染和腹泻疗效显著。

"洋蕺菜根（yerba mansa）"的名字取自从西班牙到美国西南部的殖民者。yerba mansa的意思就是"曼曳的草药"。在16世纪和17世纪，游牧的曼曳印第安人居住在新墨西哥州的格兰德河岸。西班牙人到来时，他们平静地生活着。后来，他们皈依了基督教，有时为教会工作。正是曼曳人，向传教士们介绍了洋蕺菜的神奇治愈功效。

● 描述

洋蕺菜是一种身形低矮的多年生草本植物，具有柔软、肉质的叶子。叶子随着年龄的增长而长出标志性的红点。夏天，它在花基上长出修长的穗状白色花朵。它的地下茎（根茎）和根部有一种香辣、怡人的味道，一种像生姜和丁香一样的香味。在潮湿的环境中，洋蕺菜的匍匐茎延伸出来，长到花圃的外面。洋蕺菜生长于季节性潮湿地区，或遍布于西南边沙漠中的沼泽地区。当季风来临时，洋蕺菜慢慢变红，直到秋霜迫使它转入地下过冬。

● 制剂及用法

制作茶剂，取根茎或根部，小火慢煮几分钟，然后浸泡20～30分钟，每次饮用1/2～1杯，每日2～3次；也可以使用酊剂。治疗感冒、流感或消化的胶囊和药片，则有时也会加入新鲜的或者干燥的洋蓟菜。你可以把根茎和草药研磨成粉，自己装进胶囊，服用2粒胶囊，大约饭时服用，每日3次。酊剂和胶囊在众多的洋蓟菜制剂中，很可能具有最高的抗癌活性。

● 治愈功效

洋蓟菜在如今广泛地受到尊敬，因为它可以作为抗病毒和减少充血的草药，治疗呼吸道感染，如感冒和流感。20世纪早期的医生即折中派对它推崇备至。根据芬利·艾灵伍德——著名的1919年版《美国本草、治疗和药学》的作家，"只要我们有咳嗽带痰，头部和喉咙感觉完全窒息"的症状，洋蓟菜就特别适合。折中派还建议用洋蓟菜来应对尿路问题和腹泻，还作为漱口水频繁使用，来治疗牙龈肿痛和咽喉痛。洋蓟菜的茶剂味道好极了，而且，这种植物非常容易种植、外形美观——养花人除此之外，还有什么可求的呢？目前并无针对这种草药的人体实验，不过，实验室研究表明，洋蓟菜具有抗菌活性，尤其具有针对乳腺癌的抗癌活性。

● 安全性

文献中没有查到具体问题。

● 种植

这种令人印象至深的植物生长在水沟和溪流旁边、湿润的草甸。它被称为沼泽植物，但我们发现它在花园里不管是对持续潮湿的土壤，还是少水的灌溉（不过，如果你想要它长得好看的话，可选择前者），适应能力都很强。它还适应全日照或部分遮阴，也能适应酸性土壤，虽然它更喜欢碱性土壤。它还能忍耐轻微的冰冻。把它种在水池花园或者水桶、园林水缸中效果最好。

播种繁殖挑战性很大，因为发芽通常需要3个月的时间，虽然较暖的温度有助于发芽。剪取延长的匍匐茎，把小结（将来长叶的茎部突起部分）埋入土中。

● 收获洋蓍菜

可使用的部位为枝叶（花季时收获全部地上的部分）、根部（最好是第三年后，从秋季植株枯死一直到次年春季叶片长全的任何时间），或者整个植株（从叶子发芽到花朵盛开之间的任何时间）。干燥时，把地上部分和根部分开，把根部切成均匀的细片。

第二章
种植药草

开始自己种植草药，自己就会成为经验丰富的园丁！只要你有一方花园（阳台），或室内或室外的花盆，就可以学习正确栽种、养植、收获草药，还有如何培育健康的土壤、选择最佳的种植地点、了解植物的习性。你会探索发现如何收集草药、保存种子、干燥和储存收回来的草药，制成治疗药物。通过自己种植草药——即便只种一棵——你就拥有了绿色健康药物的来源，可以自行收获、治疗。

自愈花园

它让你想起满眼郁郁葱葱的景象，耳边轻缓的流水声，洒满阳光的小径，还有吹拂肌肤的清凉微风。置身优美的环境中，你会发现，只是和植物待在一起，就已经有了治愈功效。让你的感官走进绿色的世界，你就会体验到自愈的境界。科学表明，在所有的颜色中，绿色是最让人舒心和充满活力的颜色，因为它能穿透眼睛的视网膜。只是轻触、轻闻散发芳香的草药，微量的药物分子也能进入你的身体。我们需要时间静静地反思、倾听植物对我们所说的话，尤其当越来越快节奏的社会生活，使我们和大自然隔离开来的时候。

不管你身在何处，都可以成为草药世界的一部分。不管你是如何进入这种古老的自我保健方式的，你都已经向着新的方向迈出了重要的一步。我们中的一些人，有的拥有独立的花园，有的拥有可以摆放漂亮花盆的阳台或露台，还有的只拥有一个洒满阳光的窗台或厨房一角——不管你拥有什么，都可以在这些地方种养花草。开垦一片室内或室外花园，让你和泥土能够亲密接触，栽培草药、培育自己的药品。如果自己种植草药，当你最需要它们的时候，就能很方便地用到。

室外花园 ▶▶▶

不管你是经验丰富的老手，还是完全的新手，草药植物都将带给你一种独特的种植体验。在本章中，你会学习到成为正宗室外药剂师的几个步骤。如果你有能耕种的土地，又想自己种植草药，那就从这里开始吧！

从认识泥土开始

种草药应从泥土开始，借用德国神学家和哲学家保罗·蒂利希（Paul Tillich）的一句话，就是"存在的根基"。如果你照顾好泥土，反过来，泥土也会滋养那些令你自愈、健康的植物。

土壤类型

室外种植重要的第一步，是分辨已有的是怎样的土壤。分别从园子或院子里几处不同的地方，抓一把泥土，在手掌中轻轻挤压，然后细细观察。如果手中的土壤有点黏，能揉成一团，那就是黏土。这种土壤营养成分很高，但也会比较重，容易锁水。如果你想要种的植物需要良好的排水，你就应该往土壤中掺加沙子、砾石或有机质，以减轻土质。如果植物需要肥沃的土壤和水分，黏土就很好。

如果手中的土壤呈灰色、沙石较多，并能从指间掉落下来，那就是沙质土壤。这种土壤排水很好，不过养分容易流失，因此沙质土壤被认为是最贫瘠的土壤。它春季暖得很早，因此如果种在这种土壤中，生长期会抢先起步。如果要种植的植物需要肥沃的环境，你就添加养分（如堆肥、有机肥和其他有机质等）来改善含沙的土质，提高营养成分。

如果手中的土壤是浓厚的棕褐色，容易破碎，气味有泥土的清香，那么它是壤质土。壤质土是理想的土壤，因为它能保持养分和水分，透气性也很好，因此根部比较容易延长、生长。根据你所需种植的植物，加入沙子或砾石，以促进排水，或添加堆肥、粪便以使土壤养分增加。

家中种草药的地点可能不只是一种土壤，有时甚至三种土壤都有。不过，不管你有哪种土壤，都应该注意土壤中的有机物水平。仔细查看手中的土壤是否看上去含有深色的腐殖质（有机物包括植物堆肥、小片树皮和蠕虫外壳等）。如果你的土壤缺乏腐殖质，考虑使用切碎的叶子或堆肥等材料。

种植草药的工具

备齐所需的行头！如果你在室外种植草药，所需的工具会比在室内或花盆的要多。以下是所需工具的清单。

用于户外花园	用于盆栽或窗台种植
既坚固耐用又薄的手套	薄手套
长柄铲子、挖叉、除草叉、小铲子、铲子（大小都可）	长柄铲子、挖叉、除草叉、小铲子、铲子（大小都可）
钳子、树剪、手持修枝剪	钳子、手持平头剪、剪刀
各种尺寸的花盆和育苗盘	各种尺寸的花盆、育苗托盘、装饰性花盆
盆栽土壤、育苗土、园艺沙	盆栽土壤、育苗土、园艺沙
堆肥、粪便、鱼乳液和其他如Maxicrop海藻制品肥料	堆肥、鱼乳液和其他如爱尔稼海草液（Maxicrop）海藻制品肥料

pH 值

土壤的酸碱度是由氢离子浓度即pH（氢的强度）来决定的。你可以自己采样或者送检，来确定土壤的pH值。绝大多数的药草和蔬菜都喜欢中度（6.5~7.5）的pH水平，但有些品种能忍受酸性或碱性土壤的范围更广。过酸或过碱（pH为5.5以下或8.0以上），植物会难以吸收营养。沙质土壤往往过酸（pH为7.0以下），白垩或石灰质土壤往往为碱性（pH为7.0以上），不过，当地的条件也在起作用。如果想自己检测，可以在园艺商店自行购买物美价廉的测试盒，或者使用当地合作推广站提供的检测服务。他们会用几种方法来测量酸碱度，包括测量有机质和营养元素含量，然后会提出改造土壤的建议，使植物的生长条件达到理想状态。例如，如果你的土壤太酸，可以调整增加碱度，例如添加石灰石、钙质和草木灰；如果土壤太碱，添加硫黄、松针、腐叶土（堆肥叶），甚至稀释大量的尿素。

营养素

植物和我们一样，需要营养。市面上的肥料一般包含三种主要营养素：氮（N）、磷（P）、钾（K）。购买化肥时，你会看到标签上有三个用横线隔开的数字，如5-10-5（意为5%的氮，10%的磷和5%的钾）。植物对其他微量元素如硼、钙、铜、铁、锰和钼等需求较少，这些元素通常已经包含在肥料混合物中。

　　氮是植物生长出健康叶片所需的营养，你可以通过多种方式获得。良好的氮来源包括：堆肥、粪便、血粉、草屑和鱼乳液。覆盖作物，也称为绿肥，是另一种肥料。

覆盖作物的好处

　　要往土壤里添加营养物质尤其是氮，你可以尝试种植覆盖作物。覆盖作物（如黑麦、蚕豆、苜蓿）也称为绿肥，因为它们能增加有机质含量、改善土壤耕性，和粪便的功能一样，它们为蚯蚓和土壤中的微生物提供食物。覆盖作物通常在夏末或秋天种植，然后可以砍下，在春天种植前的几周，当它们还有嫩绿时，翻入泥土。覆盖种植通常在大农场使用，但是在小花园也同样有用。许多园丁用旋耕机来翻剪覆盖作物，不过，你也可以自行剪割并把覆盖作物埋在覆盖层或碎叶的厚层下面。如果你要种植一年生植物，例如蔬菜和次年需要重新种植的烹饪香料，覆盖作物是最有用的。

　　磷是植株的种子、花朵和根部发育的重要元素。良好的磷来源包括骨粉、磷矿石、粪便和鱼乳液。

　　钾（有时也称为"钾肥"）有助于根部和果实发育，帮助植物吸收养分。良好的钾来源包括草木灰、聚合草茶（它还含有很高的钙、铁和锰）、海藻粉、花岗岩粉和鱼乳液。

　　我们是如何知道植物需要肥料呢？即便是没有土壤测试，你仍可以通过以下简单线索知道植物的养分所需：如果植物植株矮小、茎部细小僵硬，或者叶片窄小、泛黄，或者叶片已经开始脱落，就可以添加氮肥（N）。如果植株叶片底部或叶尖正在变成紫色，或者茎部细小，植株生长缓慢，就应该添加磷肥（P）。如果植株叶片边缘开始看起来像"烧焦"了一样，或者有白色斑点，茎部虚弱萎蔫，叶片卷曲，生长阻滞，就应该添加钾肥（K）。

　　我们打理花园的方式是绿色的，也总是收获绿色植物。多年以来，我们已经尝试了各种各样的土壤改良剂，但是，我们总会回到靠得住、慢作用、自产自生的超级明星——堆肥。我们每年都施上好几英寸的堆肥。如果按照植物的问题及需求施肥，植物会越长越壮，越来越能够抵挡病虫害问题。

如果植物显示出营养缺乏的迹象，那么，就应该在泥土上面施上一些堆肥，或者用液体肥料浇水。常用液体肥料有聚合草茶，用市面的粉末、鱼乳液和海藻肥料制成的海藻液等。浇水时，先把喷壶灌满液体肥料，按照产品说明缓慢地把液体倒入植物周围的土壤中，直到土壤饱和或者溢出。

如果已经做过土壤测试，知道有某种营养缺乏，你可以根据植株个体的需要，按照标签上推荐的比例施加干营养素。或者，你可以直接把粉末撒在土壤的表面，把肥料翻铲入地表下面，仔细浇水。

覆盖物

覆盖物很简单，是铺在植株周围土壤表层的有机物。覆盖物可以是木屑或树皮碎片、干叶、稻草、碎石或草屑。覆盖物在土壤和空气之间形成一道屏障，有助于保持土壤的水分，并慢慢分解出有机物提供给土壤。要记住，不同的材质会有不同的酸碱度水平，绝大多数材质都不能与植物的茎干接触。如果夏天潮湿（霉菌将成问题），添加覆盖物时要谨慎，因为有些有机质会引入病原体。沙质、砾石和石头可能是你更好的选择。你还可以使用农用或景观盖布，只需用木桩固定住，为植株留出洞眼即可。这些盖布（我们不建议用黑色塑料布或聚乙烯布）可用做杂草屏障和节水工具。人工盖布有它的用武之地，尤其是如果你住在气候干燥的地区，或者需要遏制已经长成的大量杂草或不需要的植物，如狗牙草时，非常方便。不过，针对这种需要，天然的覆盖物通常也表现得很好。

阳光

几乎所有的药草和植被都需要4~6小时的阳光直射，才能茁壮成长。不过，这也只是一般的建议而已。一些植物能够忍耐范围更广的阳光直晒，它们对阳光的要求也是根据当地的气候来决定的。每种植物的介绍中，已经列出该植物所需的照射时间。

水分

植物需要水分才能生长，不过，到底多少水分才算够呢？种植药力强劲的药用植物，如同戴着脚链跳舞，一边是对自然环境的模仿（为植物提供和原产地一样的生态环境），一边是为了达到更高的药效和健康功能而采取的特殊栽培措施。

让我们来看看精油含量吧。许多药用目的（和食用目的）的植物，价值在于其所含的内部成分。我们或许要注意，是什么让它的某些成分含量增长。唇形科，或薄荷家族的许多成员（罗勒、猫薄荷、牛至、胡椒薄荷和百里香）都来自地中海气候，那里的夏天炎热、干燥，冬天气候温和。它们已经适应了那里一年当中较为普遍的干燥条件。于是，我们有理由相信，从某种程度上说，如果浇水过度，它们的精油含量会被稀释。不过，也有研究表明，给它们补充水分后，叶片的产量得到了增长，精油水平也因此得到了提高。

作为园丁的你，在做出决定时所需要注意的是，浇水充足即可，不要太多。你要记住的是，黏土锁水的时间较长，沙土流失水分快，在山丘坡地上的土地也会流失水分（但地膜有助于保持水分）。你不仅要懂得根据各植株判断所需水分，还要懂得根据自己的情况和季节判断植物所需的水分。

如果你打算大规模地种植，或者只用很少的时间打理，那你可以考虑装一套自动浇水系统。这套系统可以是装有顶部喷头的，也可以是滴灌，或者两者的组合。这种系统省时省力，价格相对低廉，经常以简易套装的形式出售。架空浇水的结构模仿自然环境。我们已经注意到，在炎热、干燥环境下的植物，喜欢架空浇水系统带来的湿润。不过，架空浇水在湿润的气候下也为真菌病害创造了理想的条件，而且，它还会浪费水。滴灌呢，可以通过一套管道和喷水头往任何需要的地方输送水

——尤其是植物的根部，但这种设备很容易损坏，需要较多的维护。如需使用，可以和园艺中心联系，告之你的需求，并在网上阅读别人的评论，保证你所要买的灌溉系统是最符合自己需要的。

如果能在自家花园里建一座水景，那就再好不过了。水景可以是一湾小池塘、一只鸟戏盆、一泓瀑布、一条人造的循环喷泉小河床，或者，一道曲水景观（一系列相连的水盆，可以让水流成蜿蜒的8字形，模仿清水自由漫流的形态）、一个水缸喷泉，甚至是嵌入地下的一只硬碗。水源会吸引鸟类和其他传粉者造访你的植物，这有助于生物多样性、增强生态系统功能。

请在鸟戏盆中装满清水，那是送给造访你家后院的各种鸟儿的礼物。

温度

温度因素以几种不同的方式发挥作用。你是怎么知道什么时候播种或把植物种到地面的呢？首先是泥土的温度。一些草药在寒冷的土壤里发芽最好，另一些则需要温暖。然后就是时间。你要了解所在地区的终霜日的日期，以便知道什么时候才能安全地种下这些春天嫩苗（你可以咨询当地的合作推广站，或者做一些网上调查）。有了这些信息，你就可以明智地挑选我们建议的草药了。

让我们种草药吧

或许你已经知道自己想种什么了吧？看一看前面每种植物的介绍，确定你喜欢的那几种是否适合在你家种植。即便不确定，也可以试一下。在某些情况下，针对草药的某些品种，你或许需要改善一下土壤；或者根据不同的光照条件，小心选择种植地点，来调整一下种植环境，给它们舒适的生长条件。要根据草药对阳光或阴凉的喜好、对水分和土壤的需要来选择植物。

建造花床和垄田

不管种什么，在种之前都要改造（或者修整、调理）地面。改造土地的最佳时机是秋天，因为冬天的雨、雪和风，会和土壤中的微生物和挖洞动物一起给土地带来神奇的变化。但春天也是一个非常好的时机，特别是相对寒冷的地区。

首先，清除所有的"杂草"（清除的过程中，随时检查看有没有杂草，如果有的话，应先收获再清除！）用铲子或者挖叉，将花床或田间挖至一铲的深度。然后，根据你对自己花园的营养和土质的分析，撒下几英寸的堆肥、粪便或在表面铺设上好的覆盖层。如果你认为土壤的pH值需要调整，或者知道植物的营养需求，那么现在就该添加缓慢释放的有机肥料，把它们埋到土壤中。如果你知道所要种的植物在瘠土中能达到最大的药效，那么可以省去或者简化这一步骤。

如果你想要使黏土松些，可以添加堆肥、珍珠岩、蛭石、椰壳纤维（椰壳丝）或沙子。想要让沙质、贫瘠的土壤结实、肥沃，请添加消毒过的地表土、堆肥或粪便。

隆起的花床

把草药种在隆起的花床中，有几个好处。如果排水不好，隆起的花床留出空间，让多余的水分从植物的根部周围流走。如果你背部疲劳，或者需要坐轮椅，或者有其他不便，你就会发现，地面隆起一定高度会有多么方便。此外，花床隆起还能让你根据不同种类的植物，分配不同的土壤和肥料，甚至可以在花床一面设置防鼠网，来阻挡挖洞动物。

用框子框起来的隆起花床，能让土壤免受侵蚀，创造一个整洁的种植环境。许多人用5cm×10cm的木板、水泥块或砖头、碎混凝土块、石头等捡回来的材料做成框架。框架做好后，你可以在花床底部放置几行碎石块利于排水。如果需要，在装泥的时候，让土壤高出框架几英寸。土壤可以是自己收集的，也可以是购买的混合园艺土，或者是混合堆肥加土壤。隆起的花床宽度最宽为4~5英尺时，打理最省事，因为你不用走到土里，就能毫不费劲地够着中间的部位。

垂直种植

如果你的室外空间有限，那就往上种植吧！垂直种植的方式有很多种，从安装绿墙到单独的立柱、藤架、吊篮和棚架。藤本植物，如金银花和啤酒花，是理想的垂直绿化植物。绿墙可以让枝干较硬的丛生植物沿着支撑物生长，长成一种美丽的瀑布的效果。

冷床

冷床就好像一个迷你的温室，可以保护嫩树苗不受严寒或可能的霜冻侵害，还能在早春保护幼苗。便携式冷床，一般是一只低矮的无底箱子，四面是木板，顶部是一面玻璃或塑料。光线通过顶部透进箱子，聚集热量（网上有卖套装，甚至还有组装好的）。气温下降的时候，你可以进一步在四面添加干草或其他厚材料。冷床的背面应该比前面要高出4～6英寸，这样顶部就是倾斜的，能让阳光最大限度地照到里面的植物。把冷床朝南摆放，接受最多的光照，得到最多的热量和光能。冷床可以按照需要移动，可以任意调整大小。随着天气变暖，你可以撑开盖子，完全打开，甚至最后把整个冷床拆掉。冷床通常能让植物在生长期后延长一个月以上的生长时间，在温暖一点的气候下，它能让园丁们在整个冬季都可以室外养植。

室内外盆栽 ▶▶▶

只要有一个屋顶角落、一间阳光明媚的早餐室、一个温暖的阳光廊、一间紧挨的温室，或一方中庭、一块阳台、门廊，或厨房的窗台，就可以成功地种植草药。有一些药用植物，在花盆和花槽里长得相当好。

选择空间

当然，你居住地的特点决定了能够创造哪种类型的盆栽。不要限制自己，把草药种植融入你的日常生活，在设计盆栽空间的时候，需要创造性地思考！

窗台

只要窗户能投进足够的阳光，或者在植物的上方能有人造光源（冬天时太阳角度低垂的时候，或者窗户是朝北的时候），草药种植就能顺利进行。你应该注意日照的规律，看看阳光是直射还是间接射入。如果每日阳光直射2～3小时，那么你就应该更频繁地浇水、施肥。没有足够的阳光，植物就会徒长，变得软弱涣散。信不信由你，在窗台养花时，人们犯的最大的错误，就是重视不够。

在洒满阳光的窗台，你可以做实验，用一个托盘装满石头，加水，把种有草药的花盆放在托盘里（石头的作用是阻止水直接进入花盆，因此要注意不要让水平面高过花盆本身）。这个技巧的作用是增加湿度，湿度能减轻阳光直射造成的严重后果。早晚检查花盆，要等完全干透才能浇水，不要让植物枯萎。

阳台和门廊

恭喜你——你拥有最靠近地面花园的地点，还能把各种容器摆成自己喜欢的风格。你可以在角落放一个花盆架，这样就能有地方打理你的植物了。

阳台和门廊有固定的光影结构。这光影结构鲜明，变化迅速。在适应新环境之前，这种光影结构对植物挑战巨大。墙上、玻璃上的反射会增强光影的效果，因此，你要花一些工夫，仔细观察光影的变化，来决定在哪里放喜阴植物，哪里放喜阳植物。

如果外出工作，或长期不在家，那么，你就要特别注意植物的浇水问题了。有的人设置滴灌管，保持固定湿度，减少对植物的打理时间。

温室、中庭、阳光廊和四季房

这些室内的种植地点，都是全天候服务的。你可以把草药种在容器中，或者利用床铺、凳子、桌子或箱子。能真正拥有一间温室是奢侈的。如果你有幸拥有足够的空间来建造一间温室（或者网上购买现成的组装套件），那么，你在进行园艺活动时，就简单方便、机动灵活了。你应该在初春开始播种，这比在室外种植的时间要早得多。你还能够让娇嫩的多年生植物受到保护，越过冬天。温室的确需要费用来维持——例如采暖、通风和照明——这些都是你在购买温室时需要考虑的因素。如果你的居住地属于温暖的气候，你可以打造一间无采暖功能的温室。对于园丁发烧友来说，温室是必不可少的，不过，建造和维护的费用成本可是相当大的。如果你正在考虑建造温室，可以从临时温室或"弹出式"温室开始，这种套装可以轻便地装在一起，安装拆卸都很容易。

还有一种更实用的方法，就是在中庭里种植，或者在自家墙面的外面建一间紧挨的温室。靠墙温室采集到的光和热是和房子其他区域不一样的，在冬天还会有额外的太阳热量，算是一个意外惊喜。此温室的理想地点是靠着南墙，而且，建造成本也比传统温室要便宜很多。你甚至还可以购买不同款式的套件。如果需要购买，请找合格的专家，让他来帮助你测量尺寸、规划平面和照明（如荧光灯、LED灯、高强度放电，或者这几种的组合）、考虑空气质量问题。

第二种很好的室内选择，是在宽敞的阳光廊或者玻璃幕墙房间。你只要在需要时补充光和热。室内种植中，唯一的局限是光线；没有充足的光线，你的草药会徒长，还会开始倒伏。最理想的环境是南边、东边或西边的窗户，不过，你需要考虑窗外树木和邻居建筑物的阴影。

屋顶种植

如果你居住的是高层住宅，你会发现，有一种俱乐部正热情地邀请你加入——一大堆的屋顶园艺家正在享受蔬菜和草药带来的好处，这些植物都种在箱子里、葡萄酒桶里、旧浴缸里，甚至是塑料儿童游泳池里。人们的想象力是无穷的。在尝试屋顶种植之前，你需要研究一下，自家建筑物或所在镇区对楼顶种植有什么限制，你还应该和专家确认一下，如果在房顶上添加重物，会对房子产生怎样的结构性影响。我们知道，有些房子需要加固，因此对此要谨慎行事。只要这几个步骤通过，你就可以对水源、花床和容器的设计、布局、排水等做出决定。除此之外，还需考虑你的植物如何应对极端天气的问题（如强风或暴热），以及如何把供给运上天台。

选择容器

装饰花盆、桶和洗澡盆款式众多，都是美观又方便的容器。它们的颜色是现成的，不管是室内还是室外，都让人眼前一亮。唯一比较麻烦的是要知道哪种植物需要多大的花盆。因此，要仔细查看植物的资料，以确定它长大以后的大小。对于室外种植，要注意，在大容器里要比小容器里要容易，因为大容器装的土比较多，土壤保水的时间更长，更不容易受到温度波动的影响。对于绝大多数草药来说，理想的容器能给整个生长季度提供充足的空间（例如，如果购买时幼苗是种在4英寸的盆中，那么回家后要把它种在6~8英寸的花盆里）。查看植物的介绍，了解生长期内会长到多高多大，装盆时考虑好这些因素。

你还应当考虑植物根部体系的大小和形状、生长速度，还要考虑它是常年生、一年生还是灌木植物。尤其重要的是，你应当时不时检查花盆，看看根须有没有长到花盆外面。盘根植物会把花盆里的所有空间都占满，然后很快干枯，长势不好。

当然，你所拥有的空间（尤其是室内种植）、支撑容器的结构或家具、容器是否可移动，这些都将限制容器的尺寸。

不管选择哪种容器，排水孔都是必不可少的。没有排水孔，泥土就会积水，植物将受到影响。除非是陶瓷型花盆，其他都可以自己钻孔。市面上还有可以自行浇水或双壁容器和花盆，它们是需要经常浇水的小型植物的理想容器。

为草药选择花盆时，你需要考虑塑料、黏土（如陶土）、釉面陶器和木质花盆之间的差别。塑料花盆升温快（在夏季炎热干旱地区的室外，这并不是一个优势），水分也干得快，不过，它重量轻、价格便宜。陶土容器外形美观、价格便宜；水分能够穿透盆壁，不过变干的速度甚至比塑料盆还快。在寒冷的气候中你需要保护好陶土花盆，因为它们经历冷热交替后容易破裂。釉面陶器保留水分较多，但如果排水孔不够，也会让植物积水。木质花盆在户外自然美观，还能保护根部不受极端温度快速变化。聚氨酯泡沫花盆越来越流行，因为它们和陶土花盆很像，但却轻得多。然而，我们不建议你在聚氨酯泡沫花盆中种植草药，因为泡沫会释放有毒的聚氨酯，毒性会进入植物的根部。要记住一件事，不管你选择什么类型的花盆，当植株还在幼苗期时，应先放在小盆里养植至少一个生长季度。

让我们种草药吧

一旦决定好摆放地点和周围的环境，就可以开始选择土壤混合和植物了。或许看过这本介绍草药特点的书后，你已经对想要种哪些植物有了初步的认识，或者已经想要尝试某些植物了。根据它们喜阴或喜阳的特性，对室内养植的适应性或对水分的偏好来选择植物。下单购买种子或植株后，你就可以开始并享受药用植物培育带来的美妙感觉了。

容器中的土壤混合

混合土壤有两个功能：把植物的根部固定，保持所需的养分和水分。当你了解了要种植的草药，你会注意到，它们各自有不同的营养和水分需求。原产于四季分明地区和热带地区的草药喜欢肥沃的混合土，而原产于沙漠或地中海的植物在瘠土混合土中长势更好。

只需使用几样园艺土，就可以创造自己的混合土。从手头的基础土壤开始，不管是好的表土还是盆栽土壤都可以。在一个大浴缸或独轮车中，或垫一块篷布，在上面混合搅拌各种成分，然后把泥土装进容器。

1.肥沃的混合土

你可以在园艺商店或农用商店购买所有的成分（园艺土除外）。椰壳纤维丝（椰壳丝）是泥炭这种不可再生物的伟大替代品，不过椰壳纤维干得很快，因此加入混合土时要确保椰壳湿润。

园艺土/现成有机盆栽土（2份）

堆肥（2份）

椰壳纤维、细树皮堆肥、珍珠岩或湿润的蛭石（2份）

园艺沙（1份）

可选项：粪便（如在室外，1～2份）

如果使用盆栽土，减半

2.瘠土混合土

园艺土/现成有机盆栽土（2份）

沙子、珍珠岩或蛭石（2份）

可选项：椰壳纤维，或其他如咖啡渣、花生或稻壳等促耕成分（1～2份）

还有各种各样的"无土栽培"混合基质。它们往往含有泥煤这种濒危的、不可再生资源（虽然是一种上好的混合土成分）。购买无土栽培混合物时，除非来源非常值得信赖，否则一定要买经过认证的有机混合基质。

你还可以自己制作无土混合物。

3.肥沃的无土混合基质

湿润的椰壳纤维（2份）

堆肥（2份）

沙子（1份）

粪便或血粉、鱼粉骨粉或海藻粉组合（1份）

可选项：珍珠岩或蛭石（1份）

4.贫瘠无土混合基质

湿润的椰壳纤维（4份）

沙子（2份）

可选项：珍珠岩或蛭石（1份）

用鱼乳液、藻类或爱尔稼海草液湿润基质。

植物装盆

如果你的植物是买来的，首先，给你的空容器装上半盆的混合土，然后，两只手指轻轻握住植物的根基往上抬，倒置或侧放育苗盆，然后轻拍、轻捏，把植株缓缓地取出。把它放到容器中。往容器里装满混合土，确保土壤高度离容器边缘至少还差1～2英寸，和植株的原土壤高度相同或者稍微高出一点点。把植株周围的土壤压实。

如果你是自己播种，就要把育苗混合土装进育苗盘、育苗盆或纸盆或者干净、回收的容器，然后，按照每种植物的特性说明，把种子直接播在混合土中。

打理盆栽植物

一旦你为盆栽植物投入了时间，你就会期待它苗壮成长。想要得到最佳效果，请按照以下提示操作。

● 不要像其他人推荐的那样，在容器底部铺碎石层或垫碎陶片。这样不但不会帮助排水，反而会使排水不畅更加严重。

● 浇水要彻底，但不要浇水过度！很难说到底浇到什么程度才算够，但你要记住，绝大多数盆栽的草药要几乎干透，才能浇下一次水。不能通过表层土壤的干燥表象来判断整个容器里已经干透，而是要看植物是否将要（几乎就要）萎蔫，才能浇水。

● 盆栽植物需要常常施肥。如果草药喜欢肥土，每一两周浇水时混入少许液体肥料，一直浇水直到肥料开始从底部排出。如果植物比较喜欢贫瘠的土壤，只需每月施一次肥即可。

● 去除败叶和枯花。如果植株徒长或不开花，要进行修剪。对于长得不好或饱受病虫害的植株，不要害怕挖出来扔掉。

● 如果根部开始伸出容器底部的排水孔，那么，就应该移植了！找一只大一号的盆，装一半混合土，把植物放入盆中，然后继续装土，直到土壤高度稍微高出原来的水平。把植物周围的土壤压实。在土壤的表面撒一些堆肥，然后淋一些稀释的鱼乳液、海带或海藻肥料；你还可以倒一些堆肥和聚合草茶。

● 做出计划，对多年生草本植物，要每年移植。每年春天，把整株植物还有它的土壤全部移出，然后把连带的土壤抖落。如果土壤很容易就抖落（或者如果你看到许多根须紧紧地缠成团），那么就说明它需要一个更大的盆了。把所有老死的部分剪掉，轻轻松开紧紧缠绕的根部。放些新土在盆中（或者，如果移植至大一点的盆，装至容器的一半），把植株放在土上，在植株的周围继续加土，然后用液体肥料给新移植的植物浇水。

● 如果植物太大而不方便换盆，那么，就应该每年照顾、施肥。撬开土壤的表面，用聚合草茶、堆肥茶、鱼乳液或其他液体肥料浇水。然后敷上一层新鲜的堆肥——越多越好，同时要确保土壤的高度维持在离容器的边缘至少还有1英寸左右的地方。

● 在秋季，要对多年生草本植物进行修剪，并且减少浇水的频率。把花盆的最上层堆肥移走，换成新的。在初霜日期之前，把娇嫩的植物搬入室内。你可以把耐寒的多年生植物留在室外，但要把它们集中放在有遮挡的墙面下，并且铺上覆盖物。如果预计恶劣的天气即将来临，要用一层厚厚的稻草或树叶把整片花盆盖住，挂上非LED的圣诞灯，或者使用毛毯或其他保护措施。

● 挂篮是绝佳的草药容器，不过使用的时候，要确保把它放置于易触及的地方，这样不会被疏于照顾。悬挂的地点最好避免全天日照，也不受强风侵扰。匍匐草本植物，如积雪草和牛至，挂篮是最佳的选择。每天早晚观察一下是否需要淋水。

购买和订购植物 ▶▶▶

如果你不知道如何播种，或者你是个园艺新手，那么，直接购买是一个不错的选择。在你家当地的园艺中心，你会找到许多常见的草药可供选择，本书介绍的所有草药，都可以在园艺中心找到。你可以通过邮件或网上向苗圃订购。

在当地购买植物简单、方便、有保障。因为，在付钱之前，你可以有机会去检查植物，选择看上去生机勃勃的健康植株，它们应该是无病虫害、无盘根现象的。先购买1～2棵自己挑选的品种，观察它们是否适应你家的条件；接下来的季度或第二年，你可以继续购买其他植株。

如果确定在网上订购植物，在下单之前，仔细阅读苗圃的关于收货和种植的建议。绝大多数的植物，到货后必须马上种下，因此你要保证在到货之前，就已经把花园或者容器准备好了。

繁殖 ▶▶▶

播种是我们最喜欢的繁殖方式。一颗种子，储存了远古的、充满野性的药力的多样基因。当你在某种药草中寻找药效的时候，你就想要使用所能得到的最纯正、最强力的品种；换句话说，你想要得到原来的、正宗的、最原始的那个品种。因此，在绝大多数情况中，你不想要杂交品种。杂交品种的名称中间有一个乘号，一边是植物的属名，另一边是种名或者用单引号括起来的专有名词，如'珍妮'。你也不要选那些为了有一大堆颜色或为了抗病目的培育出来的品种。未经选择的、野生品种的种子，会赋予你的草药完整的生物多样性质——这种性质对于植物的药用目的来说是非常理想的。

从种子开始

有一些草药，直接播种时繁殖得最好。然而，绝大多数时候，如果在室内或在温室播种，效果会更好。你可以用买来的种子托盘或者平盘、回收塑料育苗盆，或者手头任何合适尺寸、形状的东西：鸡蛋盒、蚌壳，还有纸杯等。如果可以的话，用有分隔的容器开始培育种子。这样，要换盆的时候，你就不用像从大容器中分离幼苗那样损坏嫩苗的根部。

育种混合配方

有机育种混合基质在绝大多数的器械或园艺商店都可以买得到，你还可以自己制作，以下是配方举例。

1. 一号育种混合配方

有机盆栽土（1份）

珍珠岩或蛭石（1份）

2. 二号育种混合配方

园艺土（1份）

筛过的有机堆肥（1份）

园艺用沙石或者沙子、珍珠岩、蛭石和椰壳纤维混合（1份）

3. 三号育种混合配方

筛过的有机堆肥（1份）

珍珠岩或蛭石（1份）

椰壳纤维（1份）

如何种下种子

以下建议有利于新种种子的播种和培育。

1.确保混合基质湿润但不积水。把混合基质装进干净、消毒的容器里，轻轻夯实固定。

2.用手指、铅笔或筷子轻轻压出一个浅坑，放入几粒种子。除非打算种满大花园，否则不要把整袋种子全部倒下去；要留一些给第二次或下一季使用。在绝大多数情况下，平均每人或每个家庭，每种植物只需要5～20株。

3.用育种混合基质轻轻覆盖种子，高度只要种子直径的2～3倍。非常小的种子只需薄薄地覆盖，或者轻压入土壤表面。

4.给平盘或容器轻轻浇水或喷雾，贴上植物名称和日期的标签，放在房子温暖的地方。如果种子需要温暖的土壤才能发芽，而你在早春育种，那么，就要购买加热电缆或者电热垫（网上有卖），或者把容器置于靠近散热器或暖气片的地方。一座明亮的朝东或朝西阳台，有阳光的间接照射，这对于种子发芽来讲，就已经足够了。绝大多数的种子在60～80华氏度（15.6～26.7℃）下的发芽状态最好。

5.在每种草药的容器或托盘上贴上标签，写明草药的名称和日期。经常给幼苗轻轻浇水或喷雾，使它们保持湿润但不积水（如果你每天都有半天以上的时间出门在外，可以用保鲜膜或塑料袋盖在容器或托盘上面，保持温暖潮湿。一旦种子发芽，马上除去覆盖物）。要确保新发芽的幼苗每天得到6小时的阳光照射。如果它们得不到，你就需要用荧光灯、LED灯或植物生长灯进行补光。发芽时间从几天到数周不等。

6.第一片叶子（称为"子叶"）长出来后，紧跟着长出"真叶"。真叶看上去更像一片成熟的叶子。真叶长出后，你就可以把植株移植到它自己的容器或者室外花床了。不过，最好等到好几对真叶长出来，植株看上去健康强壮后，再进行移植。

移植户外

如果你是在室内育种，应在当地春季最后一场霜冻日前的4～6周播种。霜冻日期一过，你就可以安全地把幼苗移植到室外的花盆或花床中。

如果你发现嫩苗已经准备好了，把它们放在育苗托盘或容器里，在室外放置几天，然后在天黑之前放回室内。这个过程叫做"耐寒锻炼"，它有助于植物适应室外的气温和条件。耐寒锻炼进行几天后，就可以放至室外过夜了。然后最好是选一个傍晚或凉爽的天气，把它们移植到花床或容器中。如果是种在地上，挖一个比幼苗稍大的洞，抓一把堆肥或粪便垫在底部。然后，把幼苗放进洞中，压紧周围的土壤，把主茎埋得略微比幼苗基质要深些，轻轻浇灌。

繁殖术语解释

育种是园艺中最简单、最愉快的部分之一，不过，一些种子需要特别的照顾和程序，才能保证发芽。

子叶：种子发芽时，展开的第一片叶子，或者一对叶子当中的一片。子叶一般和植物真正的叶片不同。

猝倒病：一种导致幼苗茎在土壤水平就枯萎和倒伏的真菌疾病。

黑暗依赖种子：需要挡光才能发芽的种子。大多数时候，如果不够黑暗，发芽率会降低，不过许多种子仍然会发芽。

光线依赖种子：需要光线才能发芽的种子。把种子轻按入土壤表层，保持湿润，直到发芽。

发芽：种子生长的开始。

孕育剂：一种通常以粉末或液体形式存在的细菌微生物。可以直接施于豆科植物的种子，以提高发芽率。

多周期种子：需要一个温暖周期，接着一个寒冷周期，然后再来一个温暖周期才能发芽的种子。这种种子有时需要一年多的时间才能发芽。

生根激素：一种能够在扦插时促进根部发育的天然的植物激素。市面上的生根激素在园艺中心和网上都有销售，是粉末状的，不过它们并不能作为有机制品使用。

破皮：磨掉种子表皮，使营养更容易穿透表皮的方法。有些种子具有坚硬的外壳，需要打开这些外壳才能发芽。在自然界中，破皮是在动物的消化道完成的，或者是暴露于粗粝多变的气候条件下完成的。你可以模拟这一过程，例如，用砂纸轻轻地摩擦种子，或者用刀刃划开一道口子（如果种子体形巨大），或者把它们扔进沸水中，然后放置温室冷却。

种子：植物的胚胎和营养供给库，外面由保护性的种皮包裹。

幼苗：刚从发芽的种子生长成的年轻植株。

层积：把种子置于寒冷条件下以打破休眠状态。有的种子在自然状态下需要经历冬天的严寒才能发芽，而低温层积处理有助于这种种子发芽。你可以在秋天把种子撒在地里，然后任其在室外不用打理，种子自然会经历季节更迭带来的温度变化。如果冬天不够寒冷，你还可以人为制造寒冷条件：把种子放进塑料袋，混入一些潮湿的沙子或蛭石，给袋子贴上标签，然后把它放进冰箱3~4周。你还可以偶尔把袋子放进冷冻室来模拟冬天的天气。

茎扦插

如果你有条件获取想要种植的品种的成熟植株，你可以通过扦插来繁殖。扦插会在几周内长出新的植株，根据不同的植物类型，扦插的成功率有50%~90%。扦插最好在春天或初夏进行。

以下介绍如何进行茎扦插。

1.取1份沙和1份珍珠岩混合，或1份沙和1份潮湿的椰壳纤维混合。如果可能，把碎堆肥扔进混合基质中，浇水直至湿润，但不要积水。这将是你的生根培养基。

2.把混合基质放入干净、消过毒的花盆中，装至距离花盆边缘大约1英寸的高度。用小手指、铅笔或筷子钻一个2英寸深的小洞。每根切茎需要一个小洞。

3.从健康的茎部剪下一段4~6英寸的切茎，去除从切口往上1/3~1/2段的所有叶子，这一段只留下光秆。你也可以裁掉切口的一个小角。

4.作为可选项，你还可以把切茎的下半部分蘸一点生根激素，或蘸一点柳树皮或树枝做成的浓茶。把切茎插进刚才在生根基质中钻好的小洞中。要确保刚才剥去叶子的部位也埋在泥土下面。

5.每天检查1～2次生根基质的水分含量。你还可以把一只塑料袋套在切茎上，只要确保塑料袋不要碰到叶子即可（在切茎的周围插入一个弯曲的衣架、筷子或其他支撑物）。然后在袋子上切开一条小口，以便空气进入。

6.把切茎置于明亮但阳光不会直射的地方。如果温度降至华氏65度（18.3℃）以下，要成功繁殖，就要考虑给底部加热了（采用电热丝或电热垫的形式）。

7.切茎会在2～4周生根。2周后，可以轻轻地握住顶端的叶子往上提，如果感觉到有阻力，那就表明已经生根。

8.一旦确定切茎已经生根，马上移植到花盆或地面的永久位置上。

冬天，在木本植物的休眠期间，可以从中取下硬枝来扦插。中秋往往是采集和扦插的最佳时期，因为这时，植物将有时间在发芽之前生根。

1.取1份沙和1份珍珠岩混合，或1份沙和1份潮湿的椰壳纤维混合。如果可能，把碎堆肥扔进混合基质中，浇水直至湿润，但不要积水。这将是你的生根培养基。

2.把混合基质放入干净、消毒的花盆中，装至距离花盆边缘大约1英寸的高度。

3.选择1岁左右的有生机的木本植物，从树枝顶尖往下数英寸，取一段4～8英寸的切茎。芽苞稍微往上的末梢都要切成斜面，而在底部，芽苞往下的末梢要切成平面。

4.将每根切茎距离2～4英寸插入基质中，最顶端的芽苞距离基质的表面要高出约1英寸。要确保切茎向上，还要仔细检查埋在土下的是否为切成平面的那一端。

5.将切茎（和生根混合基质一起），放入事先挖好的"育苗沟"中。这条沟应在刚把切茎从母株中取下时就挖好。这条沟能让它们在被分别种植到地面前，安全越冬。用6～8英寸的覆盖物把切茎盖好。

6.整个冬天都要让切茎保持湿润。等到春天，取走覆盖物，把生根后的切茎移到它们的新家。

根扦插

带有主根的植物（如胡萝卜），只要从成熟植株的根部切下几片，就是最好的分根繁殖了。这种方法也适用于具有长长的、匍匐的根部的植物，或者带根茎（有看起来与根部一样的地下茎）的植物，或者带纤匍枝的植物。

1.小心地把根挖出来，轻轻抖掉多余的土壤。

2.如果植物有主根，把主根切成1英寸的小段。如果有细长的匍匐根茎，注意上面的生长节点（根部突起或有线痕的地方），至少两个这样的节点为一组，把根茎切成几段。

3.用和茎扦插相同的盆栽混合基质，把花盆装至1/2~2/3的高度。把主根或切成短段的根放在土壤表面，用盆栽混合土盖至刚好到花盆边缘的位置。不要挤压土壤。

4.给花盆贴上标签，仔细浇水。

5.如果有新苗从土壤中冒出，就可以移植至它的永久地点了。

病虫害处理

草药一般比别的园艺植物要较少受到病虫害的骚扰，不过，它们仍然会遇到这类问题。关键是提高警惕——一旦发现问题，马上采取行动。

如果害虫个头够大，可以用手除。一些小虫，如蚜虫，可以用强水流加以控制。在一些情况下，你可以用浮排盖来遏制害虫。在当地的园艺中心，还有一些能够控制各种病虫害的有机喷雾剂和杀虫剂销售。请向合作推广站咨询，你们当地的益虫有哪些，还有吸引它们的草药（如莳萝、茴香）是哪些。

如果你发现某种一年生草药生病了，最好的行动，当然是马上除去患病植物，以免疾病蔓延。对于多年生的植物，初次看到疾病的迹象时，可以剪掉患病枝茎。如果需要进一步的干预，可在网上查询安全、有效的解决方案。

分根

有时候，要得到一棵新苗的最好办法，就是充分利用别人多出来的东西！有不少的植物是通过纤匐枝（地下茎）蔓延和传播的，还有的植物是通过大量的自然传种，形成大片植物区。纤匐枝可以从土中拔出，切分后的部分可以重新种植。同样的做法，可以拿新的植株取代中间老死的植株。对于须根（和主根区别）常年生植物，只要是生长季节，随时都可以分根。不过，分根时节或者最好是植物开始枯死的秋天，或者是生长开始繁荣的春天。当然，你要查看每一种草药的情况，以便保证这种草药适合使用上述技术。

1.小心挖出整个植株，确保得到尽可能多的根部。如果植物体形太大，难以处理，你就需要先修剪至合适的尺寸。

2.抖掉多余的土壤，找到最容易分开的地方，轻轻把乱根理开。

3.如果根部巨大难以分开，或者缠得太紧，可以使用除草工具、挖叉，或者使用指甲刀、剪刀来分离根部。

4.马上把分好的根部，放在花盆或园子里重新种下。如果草药喜欢肥沃一点的土壤，坑里放一些堆肥，好给根部补充营养。

5.如果还没准备好，就把地上部分至少修剪至一半，以减轻带切口的新根供养地面植株的压力。

6.浇水要透彻。

你还可以用同样的方法，从母株分离出匍匐茎伸出的侧枝或岔枝。确保每个新长出来的小苗都带有自己的根，然后掐断或割断根茎，把小苗从根球的外围分离出来。马上重新把小苗种下，深度和原植株一样，浇水要透彻。

压条

这是一种最古老的繁殖方法。当草药长到一定年龄时，就会自然发生。一些植物有长长的、垂落下来的茎。这些茎垂落到土壤上，如果土壤和节（茎上面隆起长叶子的地方）接触，根就会长出来。你可以仿照这一过程，通过把挑选出来的植物压条来完成繁殖。

1.选一条强壮、健康的茎，看看哪个部位最容易垂落在地面。在和土壤接触的部位，去掉6～12英寸范围所有的侧枝和叶子。

2.如果你喜欢，用刀子轻轻刮去接触部位1～2英寸茎部的底部和外层较硬的部分。

3.把需要和茎部接触的土壤耙松，混入薄薄的堆肥层，或用液体肥料灌溉土壤。

4.轻轻地把茎条压向土壤。用一个木桩、一个U型金属片、一块石头或其他类似的东西把茎条固定住。在固定住的茎部上面，盖上一层土壤。

5.保持接触部分潮湿。压条所需时间漫长，不过，如果你从春天开始，在秋天就能分出一棵新的植株了。

6.生根后，把连接新植株和母株之间的部分剪断。新植株马上装盆。如果是在地面压条，应在秋季移植，或者把它放在有保护的地方，等到次年春天再移植。

你可以用同样的方法给盆栽植物压条。从母株中拉出一条长茎，固定在新盆的泥土表面。要确保步骤和以上方法一样。生根后，你将直接得到一棵新的盆栽草药。

收获 ▶▶▶

现在，是制作草药的核心环节了！知道如何正确地收获草药，将增加制剂的药效和疗效。在前面对草药介绍的部分，已经对每种草药的收获方法做出具体的指示，不过，下面我们将列出一些比较一般性的准则。

草药的部位

让我们来了解用于采收的描述草药部位的术语吧。

浆果和籽：这些是完全成熟的时候（通常变熟、颜色变深，质地变得软熟的时候），应当收获的植物的果实。轻轻地抹去或摘去枯花部分和残留的花萼

（浆果和茎部之间的部分），把大粒的籽或浆果切成两半，以加快干燥时间。

花苞：指的是还未开放的花朵。

花朵：收获花朵时，整个花序一同采摘，可以保留少许茎，也可以完全没有茎。收获花朵的理想时间是花朵刚开放的时候，不过，你也可以等花朵完全盛开后，再采摘花朵。当花朵开了一段时间，花瓣开始凋垂的时候，药效就不那么强了。除非它们很脏，否则不要清洗花朵。

花枝：这个词语包括植物的整个开花部分，还连同这部分的茎部和叶子。花枝药效最强时，是从花开到全盛时期，少数情况下，花期末药效最强（如圣约翰草）。

植物上部：指的是植物的地上部分，如叶、茎、花和芽（如果有的话），并包括茎的柔软部分（通常为从顶部6~9英寸的部分）。草药从刚刚开花到花朵全盛阶段药效最好。一旦植物开始结籽，它的药效就已经减弱。除非很脏，否则不要清洗。这些地上部分通常是切碎或研磨使用，根部的最粗部分在干燥后通常要扔掉。

叶子：取叶片和叶柄（连接叶子和茎部的嫩条），在某些情况下，如果茎部汁液多，也取非常少量的茎部。有虫咬过的叶子照样可以使用，不过，那些变褐变黄的叶子要扔掉。如果脏的话，抖落灰尘，轻轻冲洗叶片。制药之前，吸干叶面上的水分。干燥时要整片干燥。

根或根茎：指所有地下的根、根茎（外观像根部一样的地下茎），还有细根。通常收获根或根茎的都是常年生植物，而不是一年生植物。在秋季、冬季或早春，植株已经完全枯死，所有的能量都已返回根部越冬时，挖掘根部。

如果植株是两年生植物（如欧白芷、牛蒡和毛蕊花），应在次年秋天，也就是植物经历了第一年的生长期和第二年的春天后，在花柄长出之前挖根。如果植物属于常年生，挖根的最佳时期各不相同；具体时间阅读植物的介绍部分。根部挖出后要清洗，根冠

（和茎部连接的部分）要切掉。洗净后要么用于制药，要么把根部切成均匀的小片干燥。

球果：以啤酒花为例，球果是指植物中锥状的开花部分。当它们由绿变成黄褐色时，就可以收获了。

整个植株：收获整个植株时，取根部或根茎（紧附在根冠上的）、细根、茎部、叶子、花朵和芽——所有的植物部位均包括。收获整个植株的最佳时节通常是刚刚开花时。清洗根部，把褐色或腐烂的地上部分扔掉。然后，将地上部分和根部分开干燥，因为根部需要较长的时间才能完全脱水。

采收的时间

一年中，按照上述的正确时间来收获植物的各种部位。一般情况下，一天中最佳的收获时间为上午的中间时段和傍晚。要在露水已干、植物仍然凉爽时采收草药，因为多余的水分会导致霉菌和黑叶。在炎热的天气或正午的阳光下采收的草药会瘀伤和枯萎，药用成分会流失（尤其是其精油成分）。采收的时候一定要把收获的草药放在阴凉处，不要堆得太厚。只要土地允许，根部可以在一天之内的任何时候采挖，不过不要等到土壤积水的时候——土壤会被压实，地下小动物辛辛苦苦挖出来的隧道，就统统白费了！要记住，土壤也是有益蚯蚓和许多其他有益动物的家。

后续工作：采收草药后，就可以制作药物或马上进行干燥了。只要一采收，药物就开始失去药效。在采收时，一定要把它们放在阴凉处，如果需要长时间存放，要马上放进冰箱。越早冷藏，保存得越新鲜。

采收后，尽量不要清洗。只要不是沾满了泥或者非常多的灰尘，就不要用水来淋草药。你可以把水槽或水桶装满水，然后手握草药束，很快地把草药的上部在水里抖几下。轻轻地甩掉多余的水，吸走水分，或者把它们放在纸或毛巾面上吸干水分。

采收草药的正确工具

做这项工作，使用正确的工具是相当重要的。采收非常娇嫩的花朵、茎部和叶子时，使用专门用于采收草药的剪刀吧。投资一把优质的、专门修剪较硬植物部分的钳子，这将是你最常用的工具，因此要买最好的那种。手持小铲子作用很大，尤其是在小花盆中，操作不方便时。如果草药是种在室外，采挖根部时，要用叉子挖，而不是铲子铲。叉子更呵护根部，对周围环境的破坏也最小。

每次挖掘和修剪时，都要使用干净的工具。人们经常推荐，要把钳子浸入稀释的漂白溶液中定期清洗消毒，尤其是在切茎之前，或修剪病株之后。

留种以备繁殖

如果想要留种繁殖下一代，那就要从你所有的植物当中，找出无病无害、充满活力的那几棵。当种荚干枯，但还没有变脆或发霉之前，开始很轻易地从植株上掉下来时，就可以取下种荚了。

有的植物的种荚很脆弱，有的成熟程度不均。在种植还未完全成熟时，拿一个小纸袋，轻轻地套住种荚，纸袋口紧扎在茎部。这样，种子成熟时，就不会跑掉。种荚完全干透后采收取种。用手掰开或者用木勺、木槌打开种荚，然后收集种粒。

采收种子后，把它们铺在干净的纸上，放至温暖、干燥的地方一周，或者放在宽敞的袋子里，每天摇晃几下。然后把它们收进密封的罐子里，在阴凉、干燥的地方储存。

干燥 ▶▶▶

由于不可能一年到头都使草药保持新鲜，也不是所有采收下来的草药都要用到，所以，家里设置一个干燥用的地方，对于保存你的那一大堆草药、做成你的家庭药箱，是至关重要的。有效地干燥草药、保证草药药效，有以下三个要点。

避光：让草药远离日光直射是最关键的因素。总的来说，干燥地点越黑越好（虽然也有几个例外，比如某些植物的根部）。你可以在衣柜、橱柜、旧炉柜、阁楼，甚至是谷仓里干燥。如果在开放的房间里干燥草药，要确保干燥后马上把草药贮存好，否则它们很快就会变色（或药力失效）。

空气流通：选择一个有微风的地点，或者想办法让干燥地点的空气流通，这样你的草药就会干得又快又均匀，就不会变霉。即便是在有雾或潮湿的天气，你也可以用风扇来吹走水分。空气中的湿度要在25%以下（你可以用湿度计来测量）。如果潮气一直是个问题，你可以买一台小型的、便携式除湿机。

热气：有一个稳定的热源，会让干燥的时间明显缩短。你可以在靠近火炉、暖气片，或家中的热水贮存柜附近进行干燥。你还可以利用阁楼里升起的热量，或者夏天非隔热车库里的热量。例如食品脱水机对小量草药来说非常适用。如需干燥大量的草药，你就要在网上找电能或太阳能干燥箱的图纸设计了。干燥绝大多数的叶用植物，理想温度是华氏90～110度；干燥厚一点的、硬一点的部分，温度要达到华氏120度。不过，如果你家通风非常好，在温室里干燥草药，也是非常有效的。

干燥用的架子

要让草药干得又快又均匀，应该支起屏架或者架子，把每片叶子、花朵、浆果和根片摆上去。这样，每一面的空气都在流通，你也可以很方便地移动架子。可以把纱窗或纱门放在平台、箱子或任何支撑物上面。你还可以把伸展遮阳布、网布，或者棉布挂在木框、架子、杆子或者是锯木架上，用做干燥的平面（不要使用化纤布，因为它透气性不好）。实在不行的话，可以把牛皮纸铺在桌子上，把草药放在上面，注意时不时地翻抖草药。每次使用之前，一定要刷掉干燥架或其他表面上的灰尘，还有上次干燥留下的残留物。

要把草药薄薄地铺开，不要有褶皱或堆成一团。如果你要干燥根部或者其他需要清洗的部位，在收获之后马上就要清洗，轻轻拍干，然后把它们平铺在干燥架上。尽可能把植株的地面部分整体干燥（干燥完后还可以整理），不过根部要切成片，这样才能加快干燥速度。如果根部很大的话，可以水平（胡萝卜块状）或垂直（压舌板状）地把根切成均匀的块状，这样就能够干燥得很均匀。

每天翻动草药，直到它们完全干燥。这样能避免由于草药叠在一起、水分被锁住而导致的干燥不均。一些非常娇嫩的花朵不应翻动，因为这会导致瘀伤和破损，不过，绝大多数的叶用植物需要在完全干燥之前至少翻动两次。

脱水机

食物脱水机，对于小批量草药的干燥非常方便，尤其是对于从茎部分离出来的叶片而言。这是一笔不小的投资，不过，如有一台又快又方便的食物脱水机，那将是家庭草药师最得力的帮手了。

悬挂草药

对于那些有着长梗的草药，你可以用橡皮圈捆起来，挂着晾干。注意不要一次捆得太多太厚，因为这样做会使捆在中间的草药空气不流通，容易长霉。把拇指和食指环成一圈，这就是一扎草药的理想尺寸。用一条长麻绳或其他坚韧的绳索穿过一捆捆草药，就像用晾衣绳挂衣服一样，把它们悬挂在温暖、干燥、避免阳光直射、方便操作的地方，如厨房、阁楼或空房间。你还可以把一扎扎草药挂在钩子上、衣架上，甚至沿墙壁挂上一排。要确保在草药颜色消退之前就贮存。这种方法对于那些颜色、药效很快消退的多叶草药（如留兰香、柠檬香蜂草和牛至）来说并不理想；一旦完全干透，马上贮存。

你还可以把散装的草药放进纸袋，挂在温暖、阳光充足的地方。纸会保护草药不受阳光直射，同时让空气流通。你甚至可以在纸袋上扎孔，加速空气流通。每天两次摇晃纸袋，以防草药结成团，每周检查一次干燥程度。这是干燥花朵和保存种子的好办法：把带长柄的花序或种壳序列取下，头朝下小心地放进袋子中；轻轻地拉紧袋口，以免尘屑进入。

烘箱干燥

烘干是一个快速但稍微难以控制的干燥方法，不过，如果你需要快速干燥，或者需要干燥密实的根部，还有容易发霉的大型浆果而缺乏理想条件时，烘干不失为一个不错的选择。草药在烤箱里干得很快，因此你要加倍小心！先把植物原材料放进烤盘中，然后把烤箱的指示灯拧亮，或者设置最低烘烤温度。注意，在整个烘烤过程中，烤箱门都要敞开。这是一个有风险的方法，因为温度难以预测，所以很容易使娇嫩的草药干燥过度。

注意：我们不建议用微波炉来干燥草药。

判断干燥程度

如果辛辛苦苦贮存了一年后，发现柜子里的黄春菊变成了乱糟糟的一团灰色，而且还发了霉，那么，估计就没有人愿意那样辛苦地种植草药了吧。要避免这种情况，就需要仔细判断草药的干燥程度。一棵完全干燥的草药在手中是干脆、易碎的。如果枝茎仍然可以弯曲，叶片依然柔韧，那么，这说明草药还没有干透。较硬的茎部和质地较紧的部位所需的干燥时间最长，因此要先对它们进行测试。花序（如金盏花）表面上看已经干透，但其实内部仍然可能是湿的。用手指按捏花序的中心部位，看是否有脆脆的感觉，以确保花序已经完全干透。人们常常犯这样的错误：金盏花还没干透就包起来，导致最后整批收成全部报废。要非常小心！你会发现，空气中的湿气会严重影响干燥过程的最后一步：草药会一夜之间吸入湿气，第二天早上就已微微变潮。因此，务必等到傍晚，再把草药从干燥架上取下，好让它们吸收整个白天的热量，变得"酥脆"干爽。

不要让草药停留在干燥架上或挂得太久，只要完全干透，马上取下。如果干燥时间太长，它们会颜色发暗，失去药用和营养价值。终成品应该是在颜色和纹理上都和新鲜植物是一样的。判断成功的一个很好的标志，就是当你的草药放在贮存容器里的时候，能让人一眼就认出是什么植物。

干得快的娇嫩植物通常在理想条件下，需要3～5天完成干燥；在潮湿的条件下，则需要两周。根部和树皮质地紧密的，需要两周以上才能完成。时常查看你的植物，估算干燥所需的时间。

保存和贮存

一旦草药已经干燥，马上把它们贮存起来。最好的贮存地点，应该是干净、干燥、避光和阴凉的地方。由于密封、遮光和隔热，玻璃罐、密闭纸袋、不锈钢容器（铝制品除外）和天然针织容器都是非常好的选择。如果你需要临时使用塑料袋，要保证塑料袋是专门的食品袋（不要使用白色、灰色或黑色的硬购物袋）。在容器上标明草药的名称和时间。

如果保存得当，绝大多数花朵、叶子和其他地面部分都能保持药效长达一年（在许多条件下甚至时间更长）。根部和树皮可以保持药效长达两年。

如果草药没有小心存放，你会面临许多虫害问题：老鼠最喜欢接骨木的浆果、黄芪根，还有玫瑰果。飞蛾会跑进你的容器中，在干燥中的籽、花朵和浆果上产卵。如果在容器的底部发现有一层棕黄色像米粒一样的东西，周围有一些像蛛网或者沾在一起的东西，那么，务必要把药材扔掉。如果发生上述现象，在贮存区域放几个捕虫器，每天检查一下。如果虫患没有变得太严重，或者你想要保护得更好，把草药放至塑料袋中，放入冰箱冷藏14～21天。要确保在开袋前放回温室。

要关紧你干燥和贮存草药的地方，远离老鼠、昆虫和猫，因为它们喜欢找舒适的地方睡觉。另外，在处理、翻抖草药和装袋之前，都要洗净双手。

如果冷冻室还有空间，冷冻是非常好的保存某些草药的方式。冷冻后，草药颜色会稍微有些改变，外形有点糊团，但是它们的味道和口感不变。

总的来说，这只适用于叶子和肉质根部（如聚合草和牛蒡）。因为按照这种做法，花朵会失去原有色彩，根部会失去原有质感。

冷冻草药有两种方式：第一种方法，把叶子或根部轻轻刷干净，稍微清洗一下，切成细片，然后放至密封的塑料冷冻袋中，写上名称和日期。一年之内使用完毕。第二种方法，把叶子或根部轻轻刷干净，清洗一下，切成大块，放进食品加工机或者搅拌机，加入刚好没过草药的水，然后开动机器，直到它们被切成碎状或泥状，但不要变糊。把草药泥倒入冰块格冷冻，凝结后，把它们取出，放入冷冻袋。袋子标上日期后，马上放回冷冻室，一年之内使用完毕。

　　现在，经历了几个月的种植、养护、收获和贮存后，你可以坐下来放松了。享受一下吧，想想看，你现在已经做好一个家庭草药箱了，就等着它回馈将来的好日子吧！

草药栽种总结 ▶▶▶

芦荟 Aloe vera
生命周期：娇嫩的常年生

收获部位：叶子

繁殖方法（按照偏好排序）：侧枝繁殖

是否适合盆栽：适合

土壤偏好：沙质土

光照偏好：喜阳到部分遮阴

所需水分：低度

穿心莲 Andrographis paniculata
生命周期：一年生

收获部位：植物上部

繁殖方法（按照偏好排序）：种子繁殖，扦插繁殖，压条繁殖

是否适合盆栽：适合

土壤偏好：沙质的壤土

光照偏好：喜阳到部分遮阴

所需水分：一般

欧白芷 Angelica archangelica
生命周期：两年生

收获部位：根部

繁殖方法（按照偏好排序）：种子繁殖

是否适合盆栽：虽然体形高大，但是可以

土壤偏好：肥沃的壤土

光照偏好：部分遮阴到遮阴

所需水分：中度到高度

茴藿香 Agastache foeniculum
生命周期：娇嫩的常年生

收获部位：叶子，花枝

繁殖方法（按照偏好排序）：种子繁殖，扦插繁殖，分根繁殖

是否适合盆栽：适合

土壤偏好：潮湿、肥沃的土壤

光照偏好：喜阳到部分遮阴

所需水分：一般

朝鲜蓟 Cynara scolymus
生命周期：一年生或者娇嫩的常年生

收获部位：叶子

繁殖方法（按照偏好排序）：种

子繁殖，侧枝繁殖

　　是否适合盆栽：适合

　　土壤偏好：沙质的壤土

　　光照偏好：全日照

　　所需水分：一般

南非醉茄 Withania somnifera

　　生命周期：娇嫩的常年生

　　收获部位：根部

　　繁殖方法（按照偏好排序）：种子繁殖，扦插繁殖

　　是否适合盆栽：适合

　　土壤偏好：沙质土

　　光照偏好：全日照

　　所需水分：低度

黄芪 Astragalus membranaceus

　　生命周期：常年生

　　收获部位：根部

　　繁殖方法（按照偏好排序）：种子繁殖

　　是否适合盆栽：不适合

　　土壤偏好：沙质土

　　光照偏好：全日照

　　所需水分：低度到中度

罗勒和圣罗勒 Ocimum basilicum and O. tenuiflorum, syn. O. sanctum

　　生命周期：一年生

　　收获部位：叶子

　　繁殖方法（按照偏好排序）：种子繁殖

　　是否适合盆栽：适合

　　土壤偏好：一般性土到肥沃的土壤

　　光照偏好：全日照

　　所需水分：一般

牛蒡 Arctium lappa

　　生命周期：两年生

　　收获部位：根部

　　繁殖方法（按照偏好排序）：种子繁殖

　　是否适合盆栽：不适合

　　土壤偏好：一般性土

　　光照偏好：喜阳到部分遮阴

　　所需水分：中度到高度

金盏花 Calendula officinalis

　　生命周期：一年生

　　收获部位：花朵

　　繁殖方法（按照偏好排序）：种子繁殖

　　是否适合盆栽：适合

土壤偏好：一般性土

光照偏好：全日照

所需水分：一般

花菱草 Eschscholzia california

生命周期：一年生

收获部位：植物上部，整个植株，根部

繁殖方法（按照偏好排序）：种子繁殖

是否适合盆栽：适合

土壤偏好：一般性土到沙质土

光照偏好：全日照

所需水分：低度

猫薄荷 Nepeta cataria

生命周期：一年生或者生命较短的常年生

收获部位：植物上部

繁殖方法（按照偏好排序）：种子繁殖，扦插繁殖，分根繁殖

是否适合盆栽：适合

土壤偏好：适合所有土壤

光照偏好：喜阳到部分遮阴

所需水分：低度

卡宴辣椒 Capsicum annuum

生命周期：一年生或常年生

收获部位：果实

繁殖方法（按照偏好排序）：种子繁殖

是否适合盆栽：适合

土壤偏好：壤土

光照偏好：全日照

所需水分：一般

黄春菊 German and Roman Matricaria recutita and Chamaemelum nobile, syn. Anthemis nobilis

生命周期：一年生或者生命较短的常年生

收获部位：花朵

繁殖方法（按照偏好排序）：种子繁殖

是否适合盆栽：适合，但要放置于室外

土壤偏好：潮湿、光亮、沙质的土壤

光照偏好：喜阳或部分遮阳

所需水分：中度到高度

聚合草 Symphytum officinale

生命周期：常年生

收获部位：叶子，根部

繁殖方法（按照偏好排序）：种子繁殖，分根繁殖

是否适合盆栽：适合

土壤偏好：一般性土到肥沃的土壤

光照偏好：喜阳到喜阴

所需水分：一般

紫锥菊 Echinacea purpurea, E. angustifolia

生命周期：常年生

收获部位：叶子，花朵，根部

繁殖方法（按照偏好排序）：种子繁殖

是否适合盆栽：适合

土壤偏好：一般性土到瘠土

光照偏好：喜阳到部分遮阴

所需水分：低度到中度

接骨木 Sambucus nigra, ssp. canadensis/caerulea, syn. S. nigra, S. canadensis, S. Mexicana

生命周期：常年生

收获部位：花朵，浆果

繁殖方法（按照偏好排序）：种子繁殖，扦插繁殖，侧枝繁殖

是否适合盆栽：虽然体形高大，但是可以

土壤偏好：肥沃的土壤到一般性土

光照偏好：喜阳到部分遮阴

所需水分：低度到中度

茴香 Foeniculum vulgare

生命周期：娇嫩的常年生

收获部位：籽，叶子

繁殖方法（按照偏好排序）：种子繁殖

是否适合盆栽：虽然体形高大，但是可以盆栽

土壤偏好：一般性土到瘠土

光照偏好：全日照

所需水分：低度

大蒜 Allium sativum

生命周期：常年生

收获部位：球茎

繁殖方法（按照偏好排序）：蒜瓣

是否适合盆栽：适合

土壤偏好：肥沃的壤土

光照偏好：喜阳到部分遮阴

所需水分：低度到中度

积雪草 Centella asiatica, syn. Hydrocotyle asiatica

生命周期：娇嫩的常年生

收获部位：叶子，整个植株

繁殖方法（按照偏好排序）：压

条繁殖，侧枝繁殖，分根繁殖

　　是否适合盆栽：适合

　　土壤偏好：肥沃的壤土

　　光照偏好：喜阳到部分遮阴

　　所需水分：高度

山楂 Crataegus laevigata, C. oxycantha, and C. pinnatifida

　　生命周期：常年生

　　收获部位：叶子，花朵，浆果

　　繁殖方法（按照偏好排序）：种子繁殖，扦插繁殖，侧枝繁殖

　　是否适合盆栽：不适合

　　土壤偏好：一般性土到肥沃的壤土

　　光照偏好：喜阳到部分遮阴

　　所需水分：低度到中度

金银花 Lonicera japonica

　　生命周期：常年生

　　收获部位：花朵

　　繁殖方法（按照偏好排序）：种子繁殖，扦插繁殖，压条繁殖

　　是否适合盆栽：可以，但必须设支撑物，放至室外

　　土壤偏好：一般性土到肥土

　　光照偏好：喜阳到部分遮阴

　　所需水分：低度到中度

薰衣草 Lavandula angustifolia

　　生命周期：娇嫩的常年生

　　收获部位：花朵，花苞

　　繁殖方法（按照偏好排序）：扦插繁殖，压条繁殖

　　是否适合盆栽：适合

　　土壤偏好：砾质的壤土

　　光照偏好：全日照

　　所需水分：低度

啤酒花 Humulus lupulus

　　生命周期：常年生

　　收获部位：花朵

　　繁殖方法（按照偏好排序）：扦插繁殖，压条繁殖，分根繁殖

　　是否适合盆栽：适合

　　土壤偏好：肥沃的壤土

　　光照偏好：全日照

　　所需水分：低度到中度

柠檬香蜂草 Melissa officinalis

　　生命周期：常年生

　　收获部位：植物上部

　　繁殖方法（按照偏好排序）：种子繁殖，扦插繁殖，压条繁殖，分根繁殖

　　是否适合盆栽：适合

土壤偏好：适合所有土壤

光照偏好：全日照到部分遮阴

所需水分：低度到中度

柠檬马鞭草 Aloysia citriodora, syn. A. triphylla

生命周期：一年生

收获部位：叶子

繁殖方法（按照偏好排序）：扦插繁殖

是否适合盆栽：适合

土壤偏好：一般性土到肥沃的壤土

光照偏好：喜阳到部分遮阴

所需水分：低度到中度

甘草 Glycyrrhiza glabra, G. uralensis

生命周期：娇嫩的常年生

收获部位：根部

繁殖方法（按照偏好排序）：种子繁殖，分根繁殖

是否适合盆栽：不适合

土壤偏好：一般性土到沙质土

光照偏好：喜阳到部分遮阴

所需水分：低度

女贞 Ligustrum lucidum

生命周期：常年生

收获部位：浆果

繁殖方法（按照偏好排序）：种子繁殖，扦插繁殖

是否适合盆栽：虽然体形高大，但是可以

土壤偏好：一般性土

光照偏好：全日照到部分遮阴

所需水分：低度

黑种草 Nigella damascene

生命周期：一年生

收获部位：籽

繁殖方法（按照偏好排序）：种子繁殖

是否适合盆栽：适合

土壤偏好：一般性土到沙质土

光照偏好：全日照

所需水分：一般

药蜀葵 Althaea officinalis

生命周期：多年生

收获部位：根部，叶子

繁殖方法（按照偏好排序）：种子繁殖，分根繁殖

是否适合盆栽：可以，但容器必须够深

土壤偏好：肥沃的壤土

光照偏好：喜阳到喜阴

所需水分：中度到高度

毛蕊花 Verbascum spp.

生命周期：两年生

收获部位：叶子，根部，花朵

繁殖方法（按照偏好排序）：种子繁殖

是否适合盆栽：不适合

土壤偏好：一般性土到沙质土

光照偏好：全日照

所需水分：低度

荨麻 Urtica dioica

生命周期：多年生

收获部位：叶子，根部

繁殖方法（按照偏好排序）：种子繁殖，分根繁殖

是否适合盆栽：不适合

土壤偏好：肥沃的壤土

光照偏好：部分遮阴或全遮阴

所需水分：中度到高度

牛至 Origanum vulgare

生命周期：常年生

收获部位：叶子，植物上部

繁殖方法（按照偏好排序）：种子繁殖，压条繁殖，分根繁殖

是否适合盆栽：适合

土壤偏好：石灰质土壤

光照偏好：全日照

所需水分：低度到中度

俄勒冈葡萄 Mahonia aquifolium

生命周期：常年生

收获部位：根部，茎部

繁殖方法（按照偏好排序）：扦插繁殖，分根繁殖，种子繁殖

是否适合盆栽：适合

土壤偏好：肥土到一般性壤土

光照偏好：喜阳到部分遮阴

所需水分：低度

胡椒薄荷和留兰香 Mentha x piperita and M. spicata

生命周期：娇嫩的常年生

收获部位：叶子

繁殖方法（按照偏好排序）：扦插繁殖，压条繁殖，分根繁殖

是否适合盆栽：适合

土壤偏好：肥沃的壤土到一般性土

光照偏好：喜阳到喜阴

所需水分：一般

红三叶草 Trifolium pretense

生命周期：常年生

收获部位：花朵

繁殖方法（按照偏好排序）：种子繁殖

是否适合盆栽：适合

土壤偏好：肥沃的壤土到一般性土

光照偏好：全日照

所需水分：一般

红景天 Rhodiola rosea

生命周期：常年生

收获部位：根部

繁殖方法（按照偏好排序）：种子繁殖，扦插繁殖，侧枝繁殖

是否适合盆栽：适合

土壤偏好：沙质土

光照偏好：全日照

所需水分：低度

迷迭香 Rosmarinu officinalis

生命周期：娇嫩的常年生

收获部位：叶子，植物上部

繁殖方法（按照偏好排序）：扦插繁殖，压条繁殖，分根繁殖

是否适合盆栽：适合

土壤偏好：一般性土到沙质土

光照偏好：全日照

所需水分：低度

鼠尾草 Salvia officinalis

生命周期：常年生

收获部位：叶子，植物上部

繁殖方法（按照偏好排序）：种子繁殖，扦插繁殖，压条繁殖，分根繁殖

是否适合盆栽：适合

土壤偏好：一般性土到沙质土

光照偏好：全日照

所需水分：低度

夏枯草 Prunella vulgaris

生命周期：生命较短的常年生

收获部位：植物上部

繁殖方法（按照偏好排序）：种子繁殖，分根繁殖

是否适合盆栽：适合

土壤偏好：一般性土到壤土

光照偏好：喜阳到部分遮阴

所需水分：一般

北美黄芩 Scutellaria lateriflora

生命周期：常年生

收获部位：植物上部

繁殖方法（按照偏好排序）：种子繁殖，扦插繁殖，分根繁殖

是否适合盆栽：适合

土壤偏好：一般性土到壤土

光照偏好：喜阳到部分遮阴

所需水分：中度到高度

甜叶菊 Stevia rebaudiana

生命周期：一年生或者娇嫩的常年生

收获部位：叶子

繁殖方法（按照偏好排序）：扦插繁殖，分根繁殖，种子繁殖

是否适合盆栽：适合

土壤偏好：肥沃的壤土

光照偏好：喜阳到部分遮阴

所需水分：中度到高度

圣约翰草 Hypericum perforatum

生命周期：一年生或者生命较短的常年生

收获部位：花枝

繁殖方法（按照偏好排序）：种子繁殖，分根繁殖

是否适合盆栽：适合

土壤偏好：一般性土到沙质土

光照偏好：全日照

所需水分：低度到中度

百里香 Thymus vulgaris

生命周期：常年生

收获部位：叶子，植物上部

繁殖方法（按照偏好排序）：扦插繁殖，种子繁殖，压条繁殖

是否适合盆栽：适合

土壤偏好：沙质的壤土

光照偏好：喜阳到部分遮阴

所需水分：低度到中度

姜黄 Curcuma longa

生命周期：一年生或者娇嫩的常年生

收获部位：根部

繁殖方法（按照偏好排序）：分根繁殖

是否适合盆栽：适合

土壤偏好：肥沃的壤土

光照偏好：部分遮阴到遮阴

所需水分：中度到高度

缬草 Valeriana officinalis

生命周期：常年生

收获部位：根部

繁殖方法（按照偏好排序）：种子繁殖，分根繁殖

是否适合盆栽：虽然体形高大，但是可以

土壤偏好：肥沃的壤土

光照偏好：喜阳到部分遮阴

所需水分：中度到高度

西洋牡荆 Vitex agnuscastus

生命周期：常年生

收获部位：浆果

繁殖方法（按照偏好排序）：种子繁殖，扦插繁殖

是否适合盆栽：不适合

土壤偏好：一般性土到沙质土

光照偏好：全日照

所需水分：低度

苦艾 Artemisia absinthium

生命周期：常年生

收获部位：植物上部

繁殖方法（按照偏好排序）：种子繁殖，扦插繁殖，分根繁殖

是否适合盆栽：适合

土壤偏好：沙质的壤土

光照偏好：全日照

所需水分：低度

洋蓍草 Achillea millefolium

生命周期：常年生

收获部位：花朵，叶子

繁殖方法（按照偏好排序）：种子繁殖，分根繁殖

是否适合盆栽：适合

土壤偏好：肥土到一般性壤土

光照偏好：全日照到部分遮阴

所需水分：低度到中度

洋蕺菜 Anemopsis californica

生命周期：娇嫩的常年生

收获部位：植物上部，整个植株

繁殖方法（按照偏好排序）：种子繁殖，侧枝繁殖

是否适合盆栽：适合

土壤偏好：肥沃的壤土

光照偏好：全日照到部分遮阴

所需水分：中度到高度

第三章
制作药草

想知道怎样制作草药吗？本章将为你解答！制作过程不会比混药或泡茶复杂。你可以选用新鲜的或是干燥的药草，创意地制造出多种天然的良药，包括花茶、药膏、乳霜、酊剂、药油、植物精华、泡剂、汤剂、敷药包以及沐浴用品，等等。

一旦你发现自我调理的魅力，以及这种魅力在治愈过程中为何如此重要的时候，你就会发现，本章节中的所有草药配方和制备过程一定能让你终身受用。

　　或许你一直都有考虑自己动手制作草药，不过，你可能还有些疑虑：草药是否有害？是否要用到很多复杂的设备？是否要接受专业的训练？是否需要具有高超的技艺才能做好？是这样吗？

　　事实上，自己在家里制作安全有效的草药已经是一种世界认可的古老传统。在许多文化当中，人们世世代代都用自己动手制作的草药来治疗一些日常的小病痛，只是到了近几十年，人们才抛弃了自己在家动手制药的习俗。如果你问我草药的安全性，我可以很肯定地告诉你：没错，它们极其安全——特别是在你遵循有经验的草药师的医嘱来制作与使用的时候。在这本书里的配方和制药工序都已被我们享用和测试多年。我们所推荐的草药都是久负盛名、行之有效的。

　　要制作一些像药膏、乳霜和酊剂之类的草药制剂，你只需要找一个带有一些常用的家用电器的厨房就够了，比如搅拌器、量匙和深锅。如果你想玩得更高级一些，我们也在本书列入了一些制备便捷干茶的配方，你只需准备一台食物脱水机即可。如果你做菜经验丰富，在厨房里制作草药会让你感觉到一种舒适而亲切的感觉。但是即便你不是美食大厨，你也不必害怕——只要你会烧开水、会用研磨器、会把材料混在一起，你就可以准备开始了。在你学完草药制作的基础知识以后，你就能充分发挥你的想象力来创造出各种有趣的组合。

　　为了了解植物的治疗功效，我们先来回顾一些基本的植物科学以及草药的内在原理。按重量来算，植物主要是由用来储存能量的淀粉和糖类（可溶性纤维）、葡萄糖，以及塑造植物形状的木质素（不溶性纤维）组成。和人体一样，水在植物中也占有很大的比例。所有的这些元素（即主要成分）加起来就构成了一株植物中95%以上的成分。

次要的成分占了剩余的5%，而这部分就是药用原料。即使这些药用成分的量非常非常少，也能发挥强大的作用。比如，传统的助消化草药龙胆草中，就含有一种味道很苦的化合物，即便是把一滴这种化合物加到1加仑水中，你还是能尝到苦味。

在每一株植物的不同部位，其含有的化学成分的比例都是不一样的。比如，花朵中通常都含有蔗糖，形成很高的糖分；而且所有植物地面上的部分均含花青素和类黄酮等有色素，其作用是保护植物中的遗传物质免受紫外线的伤害，相当于植物自身的"防护服"。植物种子中含有特殊的脂肪，可以给快速生长的嫩芽提供能量；而植物的根茎则像是储存食物和药物的仓库。由于植物中有用的特性分布不均，所以了解药用成分聚集的部位则很重要。制作草药要考虑的另一个重要因素是某种草药的收割时间，因为化学成分在植物的生命周期的各个阶段都存在不同的效能。

草药本身的安全性又是怎样的呢？有意思的是，根据记录，用复方草药治疗，通常比使用药制品所产生的副作用更少，也更轻。本书中提供的草药制剂，都是迄今为止最久负盛名的，也是最有效的，这些配方的制作和服用遵照了历史上的一贯做法。有许多草药，如姜和蒜，也都是具有治疗能力的食品，我们才加以使用。不过，误用或误食草药是有害的。请记住，在选择服用某种草药和避免服用某种草药的时候，一定得考虑你目前的身体状况以及用药情况。

如果你正在经历或是出现以下任何一种情况，我们建议你在配制和使用本章节的配方之前，先行咨询有资质的医生。

- 妊娠、准备怀孕或者哺乳期
- 一个疗程的处方、非处方药物或者其他药物
- 慢性疾病
- 过敏病史
- 低龄或是高龄

如果整体上你身体健康状况良好，且并未服用如可密定之类的保命药或化疗，那么你会发现草药是极其安全，且无任何副作用的。

谈到制作草药的时候，尤其是茶剂，大多数人都习惯使用干草药。但是我们希望你能享受那些亲手种植的美丽草药，把它们作为新鲜的成分添加到下文列出的配方当中。在这些颇具疗效的植物当中，新鲜草药是最有效也最适宜的形式。当草药被干燥之后，取决于干燥的方式以及在其使用之前储存时间的长短，它们会失去数量不等的活性成分。可是，如果新鲜的草药直接从地上采摘食用，就充满着"地气"，你也可以把它看做一种治病的能量。草药，就如同食物一样，越新鲜越好。

准备开始 ▶▶▶

用来制作草药制剂的器具，在你的厨房里基本都可以找到。动手制药之前，先将所有的厨具、桌面、容器和你的双手洗净吧。

锅和盆。如果你想制作出有效的草药，务必确保你的炊具状况良好，包括大大小小的汤锅。无涂层的不锈钢锅是上选；不要使用铝制平底锅，因为它会与草药中的活性成分发生化学作用，最终导致成品色泽不佳或是味道改变。

如果想熔化蜡、给原料加温，双层蒸锅很有用，而且不会出现加热过度或烧焦的情况。有的人喜欢用慢炖锅来熔化和加热，用它来制作草药浸泡油。慢炖锅的热量［设定为100华氏度（约为37.8℃）或是"低温"］温和、稳定，能够增加最终成品油的浓度。

量器。使用品质优良的耐热玻璃，如派热克斯玻璃所制成的量杯最好不过，因为玻璃不会与草药发生作用。使用玻璃器皿还有一个好处，就是你能够通过观察器皿中液体的颜色和质地来判定你的进展。例如，你可以通过观察颜色有多深、色彩有多丰富来判断汤剂的浓度。有一些原料，例如蜡，通常是以克为单位来出售的，因此一台厨房小电秤也将会给你带来方便。

食物料理机、搅拌器或者研磨机。食物料理机适用于切碎新鲜植物的根茎、种子和叶子。先粗略切碎草药，然后再放入搅拌器或者研磨机中进行更细致的研磨。

任何优质的搅拌器都能完成这项工作，但是如果你的搅拌器有高速旋转的马达，你就可以只花很少的时间和精力来做更多的工作。如果食物料理机有"倒转"功能，就可以将缠住刀片的根须和茎条松开，用它来分解植物材料会比其他型号的料理机分解得更彻底。考虑买一个拥有大搅拌杯的搅拌器吧！有4升容量的威力搅拌器是不错的选择，因为它稳定高效而且坚固耐用。

一台小型的种子或者咖啡研磨机能够很便捷地研磨少量的干燥种子、根茎切片和叶子。一台好的研磨机，通常能比搅拌器研磨出更细腻的材料颗粒（注意：如果你经常需要切碎整块的牛蒡根、剥下大棵干燥头状花序上的种子或使用纤维状园艺植物茎秆，那么你可以考虑购买一台小的花园堆肥捣碎机）。

容器与标签。为提取草药中的成分（即分离和浓缩活性成分）和储存草药制剂，你可以购买一些漂亮的罐子，或者你也可保留并重复使用从商店购买的玻璃罐；只要确定这些用过的罐子是无菌的，有一个能与罐身紧密贴合的、不易腐蚀的盖子即可。密闭罐就是上佳之选：我们通常使用容量为1夸脱或1/2加仑的容器来配制酊剂，储存茶剂和干燥的草药。至于乳霜和药膏之类，你则需要找体积更小、广口的罐子或容器来储存。

要将液态的酊剂装入瓶中单独使用，你需要一些小的、带滴管的棕色玻璃瓶，它们通常被用来包装市面上销售的草药液，容量为1～8盎司。

记得给所有的器皿贴上标签，注明日期，以及标明里面装有何种原料，这一点很重要。至于那些制作完成的制剂，也一定要将该种草药的使用说明以及任何适用的警告全部写在标签上。

食物脱水机。 购买一台食物脱水机是一项非常好的投资，它会帮你快速干燥花朵、叶子、根茎的切片和草药的其他部位，同时也可保留材料中有价值的成分及颜色。当然，你也可以用其他方法来干燥草药，但是脱水机能够大大减少干燥的时间。许多脱水机还有内置的尼龙皮质果盘，在你制作干茶的时候派上用场。如果可以，购买一台可调节转速、可控温的脱水机吧！

电动榨汁机。 尽管一台榨汁机在整个萃取过程中并非不可或缺，但是它能让你制作出种类更多的草药制剂。榨汁机可以分离出新鲜草药中的汁液，剩余部分可以在新鲜时或者干燥之后使用。除此之外，你不妨考虑使用手动草药压榨机，它能在你制作酊剂和浸泡油的时候，帮助你榨出材料中的液体。

浸泡器和过滤器。 为了能够浸泡（充分浸泡）和过滤草药，你只需将草药放进一个茶杯里，倒入开水，待药材充分浸泡之后将其过滤即可。浸泡器和过滤器的种类繁多，比如茶包，那些带把手或者一根线，能勾在杯子边缘的无纺布或金属滤茶球；金属"茶匙"；竹制滤茶篮；带简易扎口的草药棉袋或者网袋；或者带圆边和把手，可固定在杯口的布袋。你也可以用别人用来泡咖啡的法式压滤壶，它是一个玻璃杯，杯中套着一个手柄压滤盘。使用这些过滤装置，能够在你完成茶剂的制作之后，轻易将药渣滤出留作堆肥。

茶剂 ▶▶▶

茶，在今天各种不同的饮食文化当中，其制备方法拥有悠久的历史，也得到了广泛的流传——至少在过去的3000~5000年已然如此。为什么这么说呢？因为泡茶使用的是世界上最普遍、最唾手可得的液体物质：水。水在温度达到其沸点（212℉）时，即便不能将草药中所有有价值的活性化学物质分离或提取，也能将其大部分浓缩成一种（在大多数情况下）安全的形式，作为冷饮或热饮享用。茶叶不仅物美价廉而且物有所值。泡制过程中，你只需用到水、一只不锈钢的深锅和一个热源即可。

以下是一些在学习制作茶剂过程中常会遇到的问题。

制茶过程中，需要遵循的草药和水的比例是多少？

这个问题有着不同的答案，因为这取决于你想泡的茶有多浓。要用干草配制出中等浓度的茶，则需1份干草药（重量以盎司计）配10份水（液体体积以盎司计）；同理，你可以用1盎司干燥的草药配10盎司的水。如果你希望制出的茶浓一些或者淡一些，那么你可以在同样的水量之下相应地增加或减少草药的量。

如果你用的是从你的园子里采摘的新鲜草药，那么你添加草药的量为干草药的2~3倍，这也就是说你需要用2~3盎司新鲜的草药对应添加10盎司水。

能否用自来水泡茶？

一般来说是不能的，因为一般需要使用纯净水来泡茶。有些地区的自来水是纯净的，但是有一些地区的自来水中含有一些对人体无益的化学成分，例如氯和一些会影响草药质量的矿物质和盐类。如果要使用自来水，建议你先对其进行检测，了解水中可能存在的任何杂质。

煨茶或煮茶的时间是多久呢？

这个问题的答案取决于你使用的是植物的什么部位。如果你要提取的是花朵、叶子和一些小的茎（这些细茎很纤细，相对植物的其他部位没有那么紧实，而且其中的活性化学物质能够轻易、快速地提取），你可以将它们放入杯中，倒入新鲜烧开的水，浸没这些材料，让其充分浸泡10~20分钟。这种制剂称为泡剂。要滤出药渣，你只需通过一个带小网孔的过滤器将液体倒入杯中即可。

如果你泡茶的原料是植物根茎、树皮、坚硬的果实或者种子（这些材料质地更坚硬、更紧实，需要很长的时间和很高的温度才能提取出其中的活性化学物质），你可以在一只深锅中用水浸没这些草药，将其煮沸，关小火，用文火煨20~30分钟（甚至更久）。这种制剂被称为汤剂。要滤出药渣，你只需通过一个带小网孔的过滤器将液体倒入杯中即可。任何余下的茶都可以放入冰箱储存。

事实上，草药可以从植物的任何部位获取：花朵、叶子、果实、种子、根、茎和树皮。根茎和树皮需调煮，花朵和叶子需浸泡。

充分浸泡对草药有什么益处？

将草药充分浸泡在水中有助于其释放药用成分。要将储存在草药细胞中的化合物释放出来，用热水浸泡是最佳选择。

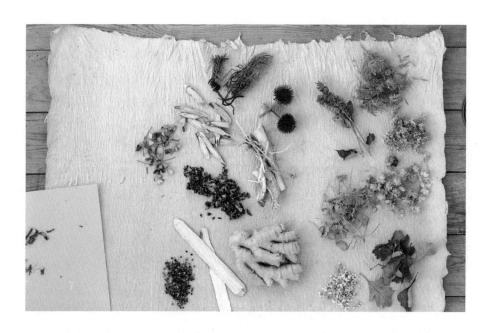

从茶剂中过滤出药渣的最佳方法是什么？

过滤草药没有什么最佳方法，这里列出三种方式供你参考：① 将你要用到的零散的草药放入一个茶杯或是马克杯中，倒入热水浸没，待其充分浸泡后，将液体倒入一个带小网孔的过滤器即可。② 将草药放入一台浸泡器或过滤器，等草药充分浸泡后，从马克杯中拿出浸泡器或过滤器即可。③ 像冲咖啡那样，使用法式压滤壶。将草药放入压滤壶的玻璃杯中，倒入热水浸没，压动活塞至大约一半的位置（或高于草药的水平面，以免压到它们），待其充分浸泡后倒出液体即可。

能否冷藏或者储存茶剂，以待日后使用？

是的，你可以这么做。但是建议你饮用新鲜的茶剂，才会有最好的药效，你当然可以将泡好的茶储存在冰箱中，但不宜超过3天。你使用玻璃容器（而不是塑料容器）储存效果更好，还要保证容器是密盖的。

能否用我喜欢的草药加入到配方当中？

当然可以！这里列出的配方你可以先用来练练手，之后你就可以任意发挥你的想象力和创造力。这些都是标准配方——你可以在这些简单模板的基础上选择其他草药替代，而草药与液体的比例是不变的。在你动手制作的时候，如果你发现某一味草药不合你的心意或者不可口，你可以考虑添加其他口感好的草药，诸如甘草、茴芹或肉桂来冲泡。橙皮或葡萄柚可以增添风味，而且它们都具有助消化的功效。甜叶菊是一种强效的草药甜味剂，它有助于减弱茶剂中的苦味。你还可以使用蜂蜜，它与大部分的草药都能很好地搭配。发挥你的全身感官来制作你喜爱的草药吧！

在本章，你会注意到一些特殊命名的配方中，所包含的几味草药并未在50种草药介绍中涉及。这些供你选择的草药都是相对而言比较常见的，你能够在许多草药苗圃和大多数商店或中药店找到，你也可以在网上订购。有的我们也列出了可替代产品的建议。即使你种不出、买不到全部的原料，你仍然能使用自己种植的草药或其他一些你可以获得的草药来取代它们（不用去管那些你手头暂时没有的）。

泡剂 ▶▶▶

泡剂是制茶的一种最常见的方式，它使用新鲜或干燥的叶子、花朵或头状花序。用10盎司新鲜烧开的水（即刚刚关掉热源）对应添加2～3盎司新鲜的或1盎司干燥的草药（你当然也可以混合使用新鲜和干燥的草药）。将新烧开的水倒在草药上，你既可以让草药分散在马克杯中，也可用一个茶包把草药包住，或者使用浸泡器。密盖（用茶杯的盖子或"杯帽"、小茶托，或任何平的且不会渗透的东西盖住，这样里面的成分就不会蒸发），让其静置15～20分钟。拿出茶包或浸泡器，或通过一个带小网孔的过滤器将液体倒出，散落的草药不要，药渣制成堆肥。多数情况下，你每日可饮用该泡剂至少3次，每次饮用1杯，每日饮用量不宜超过6杯。对于一些轻而蓬松的草药，例如毛蕊花或者黄春菊，你可以通过增加水量来使它们完全被浸泡。

温和泡剂最大限度地保留了易挥发的成分，例如精油和植物中其他一些不稳定的物质。它们的制法最开始是用室温水，采用较小的草药与水的比例，浸泡时间较长。要获得温和泡剂，需添加1盎司新鲜的或干燥的草药，倒入0～4盎司纯净水将其浸没，搅拌，让二者充分混合（为了尽可能地提取营养成分，你可以将草药和水放入搅拌器或是食物料理机中，开最低档使其轻度搅拌10～20秒之后，再将混合物倒入容器中）。密盖，让二者混合充分浸泡8～12

个小时。使用带小网孔的过滤器来滤出药渣，将其制成堆肥。每日可以饮用3~6次泡剂，每次1杯为宜。你可以实验加入不同的水量（4~10份之间），具体加多少由草药的效力和你偏爱的口味决定。

阳光茶是温和泡剂的一种，它是利用阳光的温度来加速整个萃取过程。先将2~3份新鲜的或干燥的草药（以盎司计）放入一个干净透明的有盖玻璃罐中。然后倒入4~10份室温下的纯净水（以液体盎司计），搅拌以保证草药与水充分混合。将密盖后的玻璃罐放置于一个有阳光的地方，让其接受光照直到茶的浓度符合你的口味为止（通常需4~6个小时）。将草药滤除后，你就可以享用茶饮了。茶饮可室温，可冰镇。阳光茶冷藏储存的时间不宜超过3天。

1. 简易泡剂

在一个暖和的夏日早晨采集草药，把它们拿到室内，制作一杯让人神清气爽的养身茶，没有什么会比这更让人享受的了！以下就是一个制作泡剂的标准配方，你可以使用采摘的新鲜草药或是你自己干燥的草药来制作泡剂。

新鲜草药（2~3盎司）/干草药（1盎司）

纯净水10盎司

将草药装入茶包、浸泡器或直接放入茶杯或其他容器中。将水煮沸之后立即倒在草药上，密盖，让其充分浸泡15~20分钟。滤出药渣，制成堆肥即可。每日可饮用该泡剂至少3次，每次1杯，每日饮用不宜超过6杯。

2. 简易温和泡剂

你可以使用这张配方搭配各种各样的草药，如茴藿香、猫薄荷、黄春菊、薰衣草、柠檬香蜂草、柠檬马鞭草、牛至、胡椒薄荷、留兰香和百里香。用这种方法制作泡剂完美地保存了这些草药中富含的挥发性或芳香的化合物。

新鲜草药（2~3盎司）/干草药（1盎司）

室温纯净水（10盎司）

将草药和水放入搅拌器或食物料理机中，

搅拌15~20秒。将二者混合物放入一个干净的密闭容器中，让其充分浸泡8~12个小时。滤出药渣，制成堆肥即可。每日可饮用3~6次，每次1杯为宜。

养生草药茶是借助阳光的温度来完成的！

3. 简易阳光茶

阳光茶，让草药在太阳光线下慢慢地被浸润，制作方式有趣且简单。尝试着在这夏日的时光里，动手做一做阳光茶吧！你需要至少4~6个小时来加热，阳光茶才能完成。

新鲜草药（2~3份）/干草药（1份），以盎司计

室温纯净水（4~10份），以盎司计

将草药放入一个干净透明的有盖玻璃罐中，加水搅拌，使二者完全混合。密盖，将玻璃罐放置于一个有阳光的地方，直到茶的浓度符合你的口味为止（通常需4~6个小时）。滤出药渣，制成堆肥即可。你可以享用室温下或冰镇之后的茶饮。阳光茶可以冷藏储存的时间不宜超过3天。

汤剂 ▶▶▶

制作汤剂用的是草药坚硬的或者木质的部分，如树皮、根茎和种子。要提取植物这些较紧实部分的所有成分，你需要将水煮沸，将草药与水的混合物用文火煨。最开始先用2~3盎司新鲜的或1盎司干燥的草药（或二者混合使用），将其放入一只无盖的深锅中。加入10盎司纯净水，搅拌，使草药和水充分混合后，将其煮沸。降低温度，用文火煨草药20分钟至1个小时。许多草药师遵循传统的中医煎药的制法，将汤剂煨上45分钟至1个小时。如果你才刚刚开始适应汤剂这种比茶剂更重的味道，那么煨的时间就可以短一些，大约20~30分钟或更久，然后再慢慢增加直到适合你的口味为止。每日可以服用汤剂2~3次，每次1杯为宜。

如果你想制备更大量的汤剂用来储存，可以制作1~2夸脱的茶剂。如需1夸脱，一开始先用5杯水，添加8~10盎司新鲜的或4盎司干燥的草药。调煮的过程中会损失1杯水的量，因此最后会变成4杯水的量（即1夸脱）。按上述方

法制作，将二者混合物煮沸，关小火，然后按你希望的时间用小火慢炖。如前述，滤出药渣，制成堆肥即可。汤剂可以冷藏储存的时间不宜超过3天。

淡汤剂的制备适宜选用相对更轻质、多孔的植物根茎、树皮和种子（比如聚合草、迷迭香和白鼠尾草硬而厚的叶子，缬草细薄的根以及重量轻的西洋牡荆籽）。淡汤剂需在密盖的深锅中配制，这有助于防止一些挥发性成分的逸出，如精油。先在一只不锈钢的深锅中加入2~3盎司新鲜的或1盎司干燥的草药。倒入10盎司纯净水浸没草药，搅拌，待二者充分混合后，将其煮沸。关小火，继续煨10~20分钟。关火后，如果你希望进一步提取草药中的活性成分，可以让其继续浸泡10~15分钟，滤除草药后可立即饮用汤剂，或冷藏储存。每日可饮用2~3次，每次1杯为宜。你也可以调整草药和水的比例，使制得的汤剂更符合你的口味。

草药冰块

如果你希望一次制作大批量的茶剂，且冷藏时间超过3天，你可以待茶剂冷却后，倒入制冰盒中冷冻。然后扭动制冰盒取出茶剂冰块，放入冷冻袋中按需使用。

我们最爱用来做冰块茶剂的草药有：紫锥菊（对身上酸痛、因感冒引起的喉咙发炎十分有效）、柠檬香蜂草、柠檬马鞭草、柠檬百里香（助消化、夏季茶点），以及姜和黄春菊（用于肠胃不适和恶心）。

1. 简易汤剂

使用下面的配方，从耐寒植物的地下根茎，以及成熟于夏末太阳的种子中提取精华。尽情享受这个方剂带来的浓郁的泥土气息及强力的功效吧！

新鲜的植物根茎/种子/树皮（2~3盎司）或干燥的植物根茎/种子/树皮（1盎司）

纯净水（10盎司）

在搅拌器或者食物料理机中研磨植物的根茎、种子或树皮。将研磨物放入一只深锅中，加入清水。将其煮沸，关小火，开盖煨上一段时间，直到液体减少大约1/3的量为止。之后滤出药渣，制成堆肥即可。将液体储存在冰箱中，每日可饮用3~4次，每次半杯为宜。

2. 简易淡汤剂

对于一些轻质的根、种子和树皮，或者一些成分难以提取的坚硬的叶子，都适用于如下配方。最适于此法的草药为：聚合草叶、迷迭香叶、白鼠尾草叶和枝干、缬草根以及西洋牡荆籽。

新鲜的上述植物材料（2~3盎司）/干燥的上述植物材料（1盎司）

纯净水（10盎司）

把草药放入一只深锅中，倒入清水浸没。搅拌，使得草药和水充分混合，密盖，将其煮沸。关小火，用文火煨10~20分钟。在关火后，让混合物充分浸泡10~15分钟。之后滤出药渣，制成堆肥即可。每日可饮用2~3杯温热的或凉爽的汤剂。调整草药和水的比例，使汤剂更符合你的口味。

3. 舒胃茶

这种美味的茶对于饭后胀气的情况最为适宜。你会注意到，此茶剂先是采用淡汤剂的制法，然后是泡剂的制法，因为用来制茶的植物部位不同。此配方可以用新鲜的或干燥的草药来配制，如果干湿草药都有，亦可混合使用。

新鲜孜然籽（3茶匙）/干孜然籽（2茶匙）

新鲜茴香籽（3茶匙）/干茴香籽（2茶匙）

新鲜凯莉茴香籽（3茶匙）/干凯莉茴香籽（2茶匙）

切碎的新鲜橙皮（2茶匙）/干橙皮（1茶匙）

切碎的新鲜甘草根（1~2茶匙）/干甘草根（1/2茶匙）

纯净水（3杯）

新鲜的胡椒薄荷叶（1~2茶匙）/干胡椒薄荷叶（1/2茶匙）

将孜然籽、茴香籽、凯莉茴香

籽、橙皮和甘草根放入一只深锅中，加水，密盖，煨上20分钟。将深锅从火源移开，加入胡椒薄荷叶，密盖，使其充分浸泡15分钟。之后滤出药渣，制成堆肥即可。每日饮用此茶不宜超过3次，每次1杯。你可以一次制作更大批量的茶剂，储存在冰箱中，时间不宜超过3天。

4. 怡眠茶

此茶混合了好几味适宜入口的草药，有助于身心放松，帮你达到深度睡眠，醒来时你会有神清气爽之感。

新鲜的缬草根（2~3茶匙）/干缬草根（1茶匙）

纯净水（3杯）

新鲜的黄春菊花（4~6茶匙）/干黄春菊花（2茶匙）

新鲜的圣约翰草的头状花序（2~3茶匙）/干圣约翰草的头状花序（1茶匙）

新鲜的柠檬香蜂草（2~3茶匙）/干柠檬香蜂草（1茶匙）

新鲜的啤酒花（2~3茶匙）/干啤酒花（1茶匙）

新鲜的猫薄荷草（2~3茶匙）/干猫薄荷草（1茶匙）

新鲜的西番莲草（4~6茶匙）/干西番莲草（2茶匙）（备选）

新鲜的甜叶菊叶（1茶匙）/干甜叶菊叶（1/2茶匙）（备选，甜味素）

使用缬草根和水制作淡汤剂。添加黄春菊花、圣约翰草、柠檬香蜂草、啤酒花、猫薄荷草以及备选的西番莲草和甜叶菊叶。盖上深锅，让混合物充分浸泡20分钟。之后滤出药渣，制成堆肥即可。在睡前按需饮用此茶1~2杯。你也可以一次制作大批量储存在冰箱中，时间不宜超过3天。

5. 感冒茶

这道经典的花茶能在你饱受感冒或发烧的痛苦时，给你带来舒适的感觉与治愈的效果。它有助于缓解发烧的症状、排出体内毒素、对抗病毒感染和缓解鼻塞。此种配方不同寻常，它使用小火煨花朵，因为有些特殊化学物质是需要余温才能提取的。此配方适用于新鲜草药的配制，如果你用干燥的草药代替，则使用配方中所列用量的一半。

切碎的紫锥菊叶（4茶匙）

接骨木花（4茶匙）

洋蓍草花或叶（4茶匙）

纯净水（3杯）

胡椒薄荷叶（2茶匙）

甜叶菊叶（1/2茶匙）（备选，甜味素）

将紫锥菊叶、接骨木花与洋蓍草放入深锅中，加水，密盖，用小火煨10~15分钟。将深锅从火源移开，添加胡椒薄荷叶与备选的甜叶菊叶，密盖，让全部混合物充分浸泡10分钟。之后滤出药渣，制成堆肥即可。每日饮用此茶不宜超过3杯。你可以一次大量制作，储存在冰箱中，时间不宜超过3天。

6. 净畅茶

这道美妙的茶含有一些能净化肠胃、刺激肝脏和清凉舒缓的草药，它们能够减轻呼吸道炎症或过敏，顺便也能把你的身体系统好好地清洁一番。品一口茶，你会发现它的味道好极了！

新鲜茴香籽（4～6茶匙）/干茴香籽（2茶匙）

干葫芦巴（2茶匙）

干亚麻籽（2茶匙）

磨碎的生姜末（满1茶匙）/干姜粉（满的1/2茶匙）

切碎的新鲜甘草根（满1/2～3/4茶匙）/干甘草根（满1/4茶匙）

纯净水（3杯）

新鲜的胡椒薄荷叶（满1/2～3/4茶匙）/干胡椒薄荷叶（1/4茶匙）

将茴香籽、葫芦巴、亚麻籽、姜和甘草根放入一只深锅中，加入清水，密盖，用小火煨20分钟。关火，在锅中添加胡椒薄荷叶，密盖，让全部混合物充分浸泡10分钟。之后滤出药渣，制成堆肥即可。每日可饮用此茶3次，每次1杯为宜，或按需服用。你可以一次大量制作，储存在冰箱中，时间不宜超过3天。

7. 饭后安神茶

酒足饭饱之后，饮用1～2杯这道美味的茶，能让你身心放松，是结束一顿美餐的最佳方式。

新鲜的薰衣草花（2～3汤匙）/干薰衣草花（1汤匙）

新鲜的柠檬香蜂草（4～6茶匙）/干柠檬香蜂草（2茶匙）

新鲜的黄春菊花（4～6茶匙）/干黄春菊花（2茶匙）

新鲜的茴香籽（4～6茶匙）/干茴香籽（1～2茶匙）

新鲜的燕麦秆/燕麦（2～3茶匙）或干燕麦秆/燕麦（1茶匙）

新鲜的甜叶菊叶（1茶匙）/干甜叶菊叶（1/2茶匙）（备选，甜味成分）

纯净水（3杯）

将薰衣草花、柠檬香蜂草、黄春菊花、茴香籽、燕麦和备选的甜叶菊叶放入一个浸泡器或容器中。将水煮沸后立即倒在草药上，密盖，让混合物充分浸泡20分钟。之后滤出药渣，制成堆肥即可。每日可饮用此泡剂至少3次，每次1杯，每日不宜超过6杯。你可以一次大量制作，储存在冰箱中，时间不宜超过3天。

8. 减压茶

这道泡剂对肾上腺大有裨益，可助其对抗压力所带来的危害。

新鲜的黄春菊花（4~6汤匙）/干黄春菊花（2汤匙）

新鲜的薰衣草花（2~3汤匙）/干薰衣草花（1汤匙）

新鲜的燕麦秆/燕麦（4~6汤匙）或干燕麦秆/燕麦（2汤匙）

新鲜的柠檬香蜂草（6~9汤匙）/干柠檬香蜂草（3汤匙）

切碎的新鲜橙皮（2汤匙）/干橙皮（1汤匙）

新鲜的甜叶菊叶（1茶匙）/干甜叶菊叶（1/2茶匙）（备选，甜味素）

纯净水（4杯）

将黄春菊花、薰衣草花、燕麦、柠檬香蜂草、橙皮和备选的甜叶菊叶放入浸泡器或容器中。将水煮沸后立即倒在草药上，密盖，让二者混合物充分浸泡20分钟。滤出药渣，制成堆肥即可。每日可饮用此茶不宜超过5杯。你可以一次大量制作，储存在冰箱中，时间不宜超过3天。

9. 增强免疫茶

这道茶剂可增强你身体的免疫力。

新鲜的女贞果（4~6茶匙）/干女贞果（2茶匙）

切碎的新鲜黄芪根（2~3茶匙）/干黄芪根（1茶匙）

切碎的新鲜香菇（2~3茶匙）/干香菇（1茶匙）

切碎的新鲜甘草根（1~2茶匙）/干甘草根（1/2茶匙）

纯净水（5杯）

将女贞果、黄芪根、香菇和甘草根一起放入搅拌器或食物料理机，粗略加工草药后，放入一只深锅中。倒入纯净水浸没草药，搅拌，使其充分混合。加热，不盖锅盖，用小火煨20~30分钟。关火，滤出药渣，制成堆肥即可。每日按需饮用此茶3次，每次1杯为宜。你可以一次大量制作，储存在冰箱中，时间不宜超过3天。

10. 更年期茶

这道淡汤剂中的草药具有温和的雌性激素效果，可调节全部的雌性激素、促进血液循环，对女性身体器官的总体健康有所裨益。

新鲜的荨麻草（4～6茶匙）/干荨麻草（2茶匙）

新鲜的西洋牡荆果（2～3茶匙）/干西洋牡荆果（1茶匙）

新鲜的女贞果（2～3茶匙）/干女贞果（1茶匙）

新鲜的薰衣草花（2～3茶匙）/干薰衣草花（1茶匙）

新鲜的茴香籽（2茶匙）/干茴香籽（1茶匙）

新鲜的甘草根/甜叶菊（2～3茶匙）或干甘草根/甜叶菊（1茶匙）（酌量）

纯净水（3杯）

备选

干北美升麻根（1茶匙）

干当归根（1茶匙）

将荨麻草、西洋牡荆果、女贞果、薰衣草花、茴香籽、甘草根或甜叶菊，以及备选的北美升麻根和当归根，放入一只深锅中。倒入纯净水浸没草药，搅拌使其充分混合。密盖，将其煮沸。关小火，密盖，用小火煨15分钟。关火，密盖让其继续浸泡15分钟。滤出药渣，制成堆肥即可。每日按需饮用此茶，不宜超过3杯。你可以一次大量制作，储存在冰箱中，时间不宜超过3天。

感冒与流感季节到来的时候

这里的两个配方制备方法与茶剂的制法相同，但不是倒在你的茶杯中饮用——它们通过其他方式来帮助人们减轻在流感季节的不适之感。

冬日草药熏蒸法

这种传统的草药熏蒸法能让你的鼻子呼吸通畅，防止细菌和病毒生长，以及减轻病痛与炎症。请记住，熏蒸时与蒸汽锅保持一个适当的距离，以免脸部被蒸汽烫伤。

新鲜的尤加利叶（8～12茶匙）/干尤加利叶（4茶匙）

新鲜的胡椒薄荷叶（2～3汤匙）/干胡椒薄荷叶（1汤匙）

新鲜的百里香（2～3汤匙）/干百里香（1汤匙）

纯净水（3杯）

上述草药精油（备选）

将尤加利叶、胡椒薄荷叶、百里香和纯净水加入一只深锅中，搅拌，使其充分混合。将其煮沸，关小火，密盖，煨5～10分钟。关火，打开锅盖，然后深吸草药蒸汽大约5分钟。每日按需重复多次，只要在每一次熏蒸的时候将汤剂刚好加热到其沸点即可。

把制好的吸入剂从火源移开之后，你可以加入6～7滴精油来强化其药效。试试选用尤加利、胡椒薄荷和百里香的精油，可按需加入一种或多种（由于使用精油可能会引起头晕和轻度头痛，所以每日使用强化后的吸入剂熏蒸不要超过2～3次，如果出现黏膜泛红的情况应暂停使用）。

舒缓漱口剂

无论是因疾病引起的喉咙痛或说话过度引起的声音嘶哑，这道汤剂都能起到舒缓作用。即使不在冬天，对演说家或老师而言，它也是理想之选。你会注意到这一道配方需要用到植物地面部分，但是与通常采用的浸泡法不同，其配制方法仅需使用小火煨即可；因为这样你才能深度提取植物中的化合物，而这些化合物仅具有一定程度的水溶性。

新鲜的紫锥菊叶（5～7汤匙）/干紫锥菊叶（2.5汤匙）

新鲜的柠檬香蜂草（4～6汤匙）/干柠檬香蜂草（2汤匙）

新鲜的鼠尾草叶（3～5汤匙）/干鼠尾草叶（1.5汤匙）

新鲜的甘草根（3～5茶匙）/干甘草根（1.5茶匙）

干金缕梅树皮/干药蜀葵根（2汤匙）

新鲜的/干燥的松萝（若可获得）（1.5汤匙）（松萝属）

纯净水（5杯）

将紫锥菊、柠檬香蜂草、鼠尾草、甘草、金缕梅或药蜀葵和备选的松萝放入深锅中，倒入纯净水浸没草药，搅拌，使其充分混合。密盖，将其煮沸，关小火，用小火煨15分钟。将深锅从火源移开，密盖，让其充分浸泡10分钟。滤出药渣，制成堆肥即可。你可以一次大量制作，储存在冰箱中，时间不宜超过3天。

每日可用1/4杯温热的或室温的茶漱口4～5次，漱口之后服下茶剂会对你的身体有额外帮助。为便于携带，可将少量茶剂存入滴瓶中，使用的时候加入3～4滴，漱口30秒即可快速舒缓喉咙疼痛的症状。

干茶 ▶▶▶

茶剂（泡剂和汤剂）在自我调理的过程中占有极为重要的部分，可即便你在冬天将一些草药种在室内，试图延长其生长期，你仍然不可能一年四季都得到新鲜的草药。了解一下干茶的优点吧！如果你幸运地拥有一台食物脱水机，你就能保存茶剂待日后享用。

首先，熬制你最喜欢的草药来制作茶剂。滤出草药后，继续调煮，减少其水分，使草药浓缩。最后，将液体倒入脱水机的皮质果盘中干燥，以制得干茶薄饼。

　　干茶是高度浓缩物。仅1/2茶匙干茶粉中含有的所有活性物质，最高等同于5茶匙新鲜的草药中所含有的量。要使用干茶，你可以每日直接服用2~3次四分之一片的干茶薄饼或一个银元的大小，或者你可以将1/2~1茶匙的干茶粉加到温水或开水中制成速溶茶。这种高度浓缩的精华对胃敏感的人来说，可能有点浓烈。如果你感觉到该混合物对你有这种效果，不妨多加入一些水或镇痛的甘草或药蜀葵茶来稀释，而且要在饭前饮用。为方便起见，你还可以将干茶薄饼研磨成细粉，放入明胶胶囊中，每日就餐前服用2~3次，通常每次2~3粒。

　　参照此步骤制作茶剂，减少其水分，最终将草药浓缩成糊状，然后放入食物料理机中制得干茶薄饼，其厚薄程度由草药本身决定。

　　要想制得可长久保存的干茶，首先你需要准备新鲜的或干燥的草药和水。经过一步步的浸泡、煨炖和蒸发工序，茶剂逐渐由透明液体变为浑浊、营养成分充足的糊状物，其中不仅富含活性物质，且适合被干燥。

简易干茶

　　粗略切碎的新鲜草药或干草药（约4杯）（如果你用的是轻质的材料，如花朵和叶子，则可添加更多的量；同样，如果你用的是紧实的材料，如树皮、根茎和种子，则减少添加量）

　　纯净水（10杯）

　　"载体"（1~5茶匙），例如麦芽糊精（首选）、乳糖，或食品级甲基纤维素。

　　将草药放入一个大的深锅中，搅拌，使其充分混合。加入纯净水，不盖锅盖，用小火煨2~4个小时，直到深锅中出现深色的浓茶为止。让其冷却至微温状态，滤出药渣，尽可能地挤干或压干药渣中的液体。将液体重新倒入锅中，药渣制成堆肥。你可以再次过滤茶剂，以除去其中的颗粒或沉积物。再次用小火煨茶，直到液体减少为半杯至一杯的量。让其冷却至温热状态。

　　搅拌加入载体（1~5茶匙），直到液体变稠，成为均质的饼糊状。将此"饼糊"倒入一台食物脱水机涂过薄油的皮质果盘中，设定温度为95.5~100.5℉（过高的温度会烘烤粉末，降低其质量）。将液体完全干燥，整个过程可能需要两个小时到一个晚上的时间。当其完全干燥时，茶剂会变成片状的干燥固体薄饼，此时很容易将其在搅拌器中弄碎或制成粉状。将干茶薄饼弄碎或制成粉状，储存于一个琥珀色玻璃罐中避免阳光直射。

　　你也可以使用精细研磨后的干草药作为载体，如牛蒡、刺五加或荨麻。如果你后来将水加入干茶中来制作茶饮，这些草药会在杯底留下一些不溶于水的残余物。

　　如果你愿意，在干燥之前，你可将下面这些草药，诸如紫锥菊、姜和橙皮制成的酊剂，搅拌，加入冷却的混合液中，它们可起到增加药效或改善口感的作用。这同样是一种极好的添加，如缬草等草药的方法，因为缬草含有的精油和其他敏感成分在调煮过程中会被破坏。

助消化干茶

此配方有助于促进消化系统功能，排出身体中多余的水分。

生姜/干姜（3/4杯）

新鲜的/干燥的人参根，高丽参或人参（1/4杯）

新鲜的牛蒡根（1杯）/干牛蒡根（1/2杯）

新鲜的橙皮（1/2杯）/干橙皮（1/4杯）

新鲜的/干燥的黄芪根（1杯）

纯净水（10杯）

朝鲜蓟叶酊剂（1/2盎司）（备选）

刺五加粉/麦芽糊精/其他载体（约1/4杯）

将姜、人参、牛蒡根、橙皮以及黄芪根放入一只大的深锅中，搅拌，使其充分混合。加入清水，不盖锅盖，用小火煨2～4个小时，直到深锅中出现深色的浓茶为止。待其冷却至微温状态，滤出药渣，挤出药渣中的液体。将液体重新倒入锅中，药渣制成堆肥。再次用小火煨茶，直到其减少为半杯至一杯的量，让其冷却至温热状态。搅拌加入备选的酊剂和刺五加粉末或其他载体。将糊状物倒入一台食物脱水机涂上薄油的皮质果盘中，设定温度为95.5～100.5℉。等液体完全消失，把制得的干茶薄饼弄碎或制成粉状，为避免光和热，可将其储存于一个琥珀色玻璃罐中。

浴茶 ▶▶▶

结束忙碌的一天——事实上，在任何时候——洗温水浴能带走压力、治疗皮肤敏感和肌肉酸痛、缓解感冒发烧的症状。将浓浓的药茶直接倒入浴盆中，可以增强温水本身能使人放松的特性。茶剂中的一些药用成分，会通过你的皮肤轻易被身体吸收，其他的成分如香精油，会随着蒸汽上升至水的表面，从而被你体内的呼吸道黏膜所吸收。请记住，浴茶不是为了身体内服而调配，所以不可像其他茶剂一样使用。仔细地用标签注明：茶剂仅适用于洗浴，在浴室附近存放。

试一试下面这些令人愉快的茶剂配方吧！按每一道配方所制得的茶剂都足够用于一次沐浴。不论你是否将草药从水中滤出，你都可以继续添加。

睡前浴茶

这道浴茶带来的芳香美妙无比，能使你的身心放松，其治疗成分也可令你的肌肤变得光滑柔软。同时，它也能极好地帮助孩子们在晚上安静地进入梦乡。

新鲜的黄春菊花（满1杯）/干黄春菊花（1/2杯）

新鲜的柠檬香蜂草（满1杯）/干柠檬香蜂草（1/2杯）

新鲜的薰衣草花（满2/3杯）/干薰衣草花（1/3杯）

纯净水（10杯）

薰衣草/橙子精油（几滴）（备选）

将黄春菊花、柠檬香蜂草和薰衣草花放入一只深锅中，加水搅拌，使二者充分混合，密盖，用文火煨5分钟。关火，让其充分浸泡20分钟。按需可滤出药渣，制成堆肥，或者你也可以将其留在浴茶中，以获得额外的治疗效果。然后添加备选的精油，充分搅拌即可。将制得的浴茶加到沐浴用的温水中之后，你就能好好享受一番了！

益肤浴茶

在园里耕种的季节，你有可能被蚊虫叮咬、划伤和擦伤以及轻微晒伤，下面这些草药都能起到格外舒缓的作用。

新鲜的金盏花（满1/2杯）/干金盏花（1/4杯）

新鲜的车前草叶（满1/2杯）/干车前草叶（1/4杯）

新鲜的积雪草（满1/2杯）/干积雪草（1/4杯）

新鲜的薰衣草花（满1/2杯）/干薰衣草花（1/4杯）

新鲜的紫锥菊叶（满1/2杯）/干紫锥菊叶（1/4杯）

生姜/干姜（2～3茶匙）

纯净水（10杯）

将金盏花、车前草叶、积雪草、薰衣草花、紫锥菊叶和姜放入一只深锅中，加水搅拌使其充分混合。密盖，用文火煨30分钟。按需可滤出药渣，制成堆肥即可。将制得的浴茶加到沐浴用的温水中后，你就能好好享受一番了！

糖浆 ▶▶▶

糖浆有很好的润喉作用，如果你（或你的孩子）觉得胶囊或药片难以吞咽，可以用糖浆帮助。任何一种茶剂经浓缩后，添加到甜味剂中，即可制得糖浆。这种制作过程浓缩了草药的活性成分，因而糖浆对各种不同的小病痛，特别是对上呼吸道感染和喉咙痛的情况十分有效。

在你制得糖浆之后，将其装瓶，贴上标签储存在冰箱中。在没有添加任何防腐剂的情况下，糖浆可储存大约2～3周。你可以加入几滴精油或维生素C粉（1杯糖浆对应1/2～1平匙的量）以延长其冷藏保质期1～2周或更长时间。如果不能将糖浆储存在冰箱中，则需加入维生素C粉和酒精，使得最终成品中含有25%的酒精和75%的糖浆。当你旅行的时候，这些添加物会极其有效地保证糖浆的安全。每日可服用糖浆2～3次或按需服用，每次1茶匙为宜。

糖浆甜味剂与草药糖浆

糖浆甜味剂：如果你使用蔗糖作为糖浆甜味剂，你需要把1杯糖溶解在1杯水中，用小火煨30～40分钟，即可制得简单的糖浆制剂。将此糖浆加到滤除草药的茶剂中，之后加入维生素C粉或酒精，装瓶贴签，即可将制得的糖浆储存。

若使用蜂蜜来制作可替代的糖浆甜味剂，你可以将蜂蜜与麦芽（各1/2杯）混合，或将3/4杯蜂蜜与1/4杯甘油混合；这两种添加物不论哪一种，都具有均衡的稳定性。

草药糖浆：如果你添加有香味的叶子和花朵来制作糖浆，如：茴藿香、罗勒或圣罗勒、猫薄荷、薰衣草、柠檬香蜂草、柠檬马鞭草、牛至、胡椒薄荷、鼠尾草、留兰香或百里香，请记住，植物材料本身不应被调煮，因为这些芳香的草药在高温调煮的过程中，会失去其含有的香精油。你不妨在完成用小火煨的工序之后，再加入草药，且让草药充分浸泡20分钟。

如果你只选用芳香的草药，请参照此糖浆制作指南：将水量由5杯减少为1.5杯，充分浸泡草药20分钟。滤出药渣，制成堆肥。之后加入糖浆甜味剂与备选的精油即可。

简易糖浆

你可以按下面的配方来制作每一杯糖浆，也可使用配方中双倍或者三倍的量。

新鲜草药（1～1/2杯）/干草药（1/2～2/3杯）

纯净水（5杯）

糖浆甜味剂，如脱水甘蔗汁、蔗糖或蜂蜜（1杯）

精油（备选）

维生素C粉（1/2～1平匙）/酒精（1/3杯）（备选，防腐作用）

搅拌或加工草药使其具有一定程度或良好的均一性。将草药与水混合放入一只深锅中，搅拌，不盖锅盖，用小火煨20分钟。

关火，让二者混合物继续浸泡20分钟。滤出药渣，制成堆肥。将滤得的液体重新倒入深锅中。不盖锅盖，用文火煨，继续关小火，用文火煨至液体的量减少为一杯即可（如果你使用的是蔗糖，则在液体减少的过程中加入，以确保其被适当溶解和浓缩）。待混合物冷却至温热状态后，加入糖浆甜味剂。最后添加几滴备选的精油和维生素C粉或酒精。装瓶贴签后，即可储存。

大蒜糖浆

当感冒即将到来的时候，这是使用大蒜作为预防性抗生素的极佳方式。

大蒜（2～5瓣）

糖浆甜味剂（1杯）

牛至精油（5滴）（备选，提高抗菌能力）或胡椒薄荷/橙子精油（2～3滴）（增添风味）

在一台搅拌器或食物料理机中，混合大蒜、糖浆甜味剂和精油。搅拌或加工直到其变成奶油状为止。装瓶贴签后，即可储存。

感冒糖浆

这道美味的糖浆能起到润喉、缓解炎症和治疗顽固性咳嗽的作用。

新鲜的紫锥菊叶、花和/或根（3～4茶匙）或干紫锥菊叶、花和/或根（1/2茶匙）

新鲜的甘草根（1/2～2茶匙）/干甘草根（3/4茶匙）

新鲜的药蜀葵根（满2茶匙）/干药蜀葵根（1茶匙）

新鲜的橙皮（3～4茶匙）/干橙皮（1/2茶匙）

新鲜的鼠尾草叶（1/2～2茶匙）/干鼠尾草叶（3/4茶匙）

新鲜的百里香（3～4茶匙）/干百里香（1/2茶匙）

纯净水（5杯）

糖浆甜味剂（1杯）

备选材料

新鲜的黑野樱树皮（2～3茶匙）/干黑野樱树皮（1茶匙）

新鲜的苦薄荷叶（3～4茶匙）/干苦薄荷叶（此草药能增添额外的减轻咳嗽的功效，但有种苦味）（1/2茶匙）

橙子精油（7滴）

胡椒薄荷精油（3滴）

每杯液体成品添加少许甜叶菊（备选，甜味素）

如果你使用新鲜的草药，可在搅拌器中搅拌；如果你使用干燥的草药，将其研磨，使之具有一定程度或良好的均一性。将紫锥菊、甘草、药蜀葵、橙皮和备选的野樱树皮放入一只深锅中，加入纯净水，不盖锅盖，用小火煨20分钟。关火，添加鼠尾草、百里香和备选的苦薄荷，让全部混合物继续浸泡20分钟。滤出草药，制成堆肥。将液体重新倒回深锅中，继续加热至沸腾。关小火，不盖锅盖，用小火煨至液体的量减少为一杯即可。待混合物冷却至温热状态后，加入糖浆甜味剂和备选的精油。搅拌均匀后，装瓶贴签，即可储存。

酊剂 ▶▶▶

正如你在制备茶剂的过程中，使用热水提取草药的药用成分，你同样可以借助另一种冷的液体——酒精。你可以研磨新鲜的或干燥的草药，将其充分浸泡于含酒精的液体或溶剂中（如伏特加酒），之后将草药滤除。最后得到的液体就被称为酊剂。

酒精是一种极佳的溶剂（意思是说草药的药用成分能够很好地溶解其中）。在我们看来，酒精仅次于水！对于大部分草药而言，一杯热茶是最好的草药制剂，但在少数几种情况中，酊剂则是绝佳的选择。

为什么要制作酊剂而不是茶剂呢？原因之一在于使用冷的酒精就能提取草药中的活性成分，而不需要用到热的液体，这一点能更好地保证草药中的某些细微成分不会在热水蒸煮时随蒸汽流失（例如形成胡椒薄荷美妙香味的精油或缬草中对温度敏感的活性成分）。在你饮用酊剂的时候，酒精会将草药的治疗成分迅速带入你的血液中。此外，酒精是一种很好的防腐剂，所以在避光热的条件下储存的酊剂能够保持药物活性达一年或更久（有时药效能保持2～3年甚至更久，这由草药本身决定）酊剂也便于携带——你只需将其装入小瓶内，直接口服或加几滴到水中服用。

酊剂是由研磨或精细切碎的新鲜的或干燥的草药制成，将其加入酒精溶剂中，让混合物静置2~3周之后，滤除草药即可。就是这么简单！

你需要注意的是你使用的酒精的浓度，因为提取不同的草药所需的酒精浓度不尽相同。酒精的浓度被称为"标准酒度"，而标准酒度表示的是液体中酒精体积百分数的两倍。有些草药需要在有更高标准酒度的酒精下，其药用成分才可被全部提取；而有一些草药则是在酒精纯度较低的情况下才可更好释放其成分。如果你用于制作酊剂的草药需要一个非常高的酒精比重，那么你需要选择一个具有更高标准酒度的酒精；而其他的草药，你可以选用酒精纯度较低的酒精制剂，或者你也可以用水稀释高标准酒度的酒精来改变其浓度。在你制作酊剂的时候，该纯酒精在工艺上被称为"溶媒"，而你在最后过滤出的草药则被称为"不溶性残渣"。

寻找正确的溶液

为了获得一个具有适当酒精浓度的溶媒，你有以下几种选择。你可以使用标准酒度为100%的伏特加酒（酒精体积分数为50%）、标准酒度为160%的伏特加酒（酒精体积分数为80%）或者标准酒度为190%的伏特加酒（酒精体积分数为95%）。无水乙醇是你能买到的酒精制品中浓度最高的一种，但它在有些国家是受限的，所以如果你能获得无水乙醇作为溶剂，它会比伏特加酒更胜一筹。白兰地酒通常被用作溶媒（其标准酒度为40%），但是现代的白兰地酒可能含有一些色素、调味成分、糖类和其他成分，它们会降低其提取草药中药用成分的功效。我们建议使用伏特加酒或在可获得的情况下使用无水乙醇。

简易酊剂

简易酊剂的制备需要使用草药（重量以盎司计）和溶媒（液体体积以盎司计）。按照此配方可制得稍多于1/2杯的酊剂。

磨碎/精细切碎的新鲜花/叶/树皮/种子/根（2~3盎司）或干燥的花/叶/树皮/种子/根（1盎司）

伏特加酒/无水乙醇（5盎司）

在一个干净的有盖玻璃罐中，混合草药和酒精，确保草药完全浸没在溶媒中。如果溶媒还没有完全盖过草药，则需加入更多酒精，直到草药完全浸于大约1英寸的液体之下。许多草药师建议，为了使草药大面积地和酒精接触，应用搅拌器或食物料理机搅拌草药和酒精，直到二者混合物呈浓浆状。将罐子密盖后储存于暗处，每日摇晃，如此2~3周。不要让草药漂浮在酒精之上，否则酊剂会腐败，如有必要，需加入更多的酒精来保证草药完全被浸没。在酊剂制备完成之后，用粗棉布、咖啡滤纸或带小网孔的过滤器将其过滤。然后将草药装入一个棉布袋、块状棉布或是一条干净的袜子里，把两边对齐折叠，挤压草药袋，把混合物中的全部液体挤出（你甚至可以购买专门的草药压榨机，来代替你很好地完成这个工作）。将草药制成堆肥，把酊剂倒入琥珀色瓶中，贴上标签注明日期及里面的原料，即可储存。

紫锥菊酊剂

当你感觉感冒即将到来的时候，或者你正在治疗某种感染，你可以服用这种酊剂。

磨碎/精细切碎的新鲜紫锥菊根（12茶匙）或干紫锥菊根（6茶匙）

伏特加酒160-标准酒度（若使用新鲜草药）/100-标准酒度（若使用干草药）（2杯）

在一台搅拌器或者食物料理机中，混合紫锥菊和酒精，搅拌或加工直到混合物呈浓浆状。将液体倒入一个干净的有盖玻璃罐中，确保草药在沉淀之后完全浸没在溶媒中。如果溶媒还没有完全盖过草药，则需加入更多酒精，直到草药完全浸没于大约1英寸的液体中。将罐子密盖后储存于暗处，每日摇晃，如此2~3周。如有必要，需加入更多酒精来保证草药完全被浸没。在酊剂的制作完成后，过滤，挤出草药中最后一滴液体。将药渣制成堆肥，将酊剂倒入琥珀色瓶中，贴上标签注明日期及里面的原料，即可储存。

药油 ▶▶▶

草药油仅仅是草药浸泡于油中，基本与你把迷迭香充分浸泡在橄榄油中用于烹饪差不多。自愈草药油可内服治疗多种小病痛，也可外用治疗或日常美容。草药油也可用于制作草药膏的配方中。制作时最好使用干燥的草药，因为新鲜的草药有时会发酵。

简易草药油

精细磨碎的干草药（花/叶/根/树皮和/或种子）（1杯）

杏仁/荷荷巴/橄榄油（1/2杯）

在一台搅拌器或食物料理机中，混合草药和油。要取得更好的提取效果，需搅拌或加工混合物呈浓浆状。将二者的混合物倒入一个干净的有盖玻璃罐中，确保植物材料完全浸没在油中。如果没有完全浸泡，则需加入更多的油，直到草药完全浸没于1英寸的液体中。将罐子密盖后储存于暗处，每日摇晃，如此2～3周。小心地通过粗棉布、棉布袋或一块方形亚麻布将其过滤，对齐两边，挤出草药中的油。药渣制成堆肥。将油倒入琥珀色瓶中，贴上标签注明日期及里面装有何种原料即可。储存于暗处。

精油是什么

精油是一种高度浓缩的混合物，它从草药中被提取，赋予了草药特有的香味。精油易挥发，这就意味着它很容易扩散到空气当中。（想想你闻到的香味！）精油可通过蒸馏获得，用于制作浓缩的油。常常要用大量的草药才能提炼出少量的油，这就是市面上可购得的精油价格昂贵的原因。它们是极其浓缩的产物——浓度太大以至于有些精油是有毒的，在没有专业指导下，绝对不可食用。

至于外用，你应该用不挥发油如橄榄油或杏仁油来稀释精油，避免它刺激你的皮肤。当安全少量地使用精油时，它可在草药制剂如干茶、酊剂和药膏中，增添一种令人愉悦的芳香和风味。

快速浸泡油

当你需要快速获得草药油的时候可使用以下配方!

干草药(花/叶/根/树皮和/或种子)(2杯)

杏仁/荷荷巴/橄榄油(2~2/2杯)

在一台搅拌器或食物料理机中,混合草药和油,搅拌或加工混合物呈浓浆状。将二者的混合物倒入一只慢炖锅中,调至最低档(约100℉),保持密盖状态。为防止其腐败,始终让草药浸没于油中;如有必要,需加入更多的油。每日搅拌,如此3天。待油冷却后,使用带小网孔的过滤器或布,从油中滤出药渣,尽可能多地挤压出药渣中的油。将油倒入琥珀色瓶中,贴上标签注明日期及内部原料即可。储存于暗处。

圣约翰草浸泡油

圣约翰草浸泡油有助于治疗受损的神经和其他组织。定期使用此油按摩受伤的部位,能带来让人惊奇的治疗效果,甚至对旧损伤也有效。内服可以帮助治疗胃溃疡。

新鲜的圣约翰草头状花序(1杯)

杏仁/荷荷巴/橄榄油(1/2杯)

在一台搅拌器或食物料理机中,混合草药和油,搅拌或加工均匀。将二者混合物倒入一个干净透明的玻璃罐中,密盖。确保草药始终浸没于油中;如有必要,需加入更多的油。随着制作的进行,油的颜色应该变为亮红色;如果没有变为红色,则需将罐子放置于有阳光的窗台上,让阳光给它加温。每日用力摇晃罐子,如此2~3周。用带小网孔的过滤器或布,从油中滤出药渣,尽可能多地挤压出药渣中的油,药渣制成堆肥,把油装瓶贴签即可。避光避热储存。

耳痛油

这道经典的配方是每个家庭医药箱和急救药箱中必备之物。它混合了毛蕊花和大蒜的特性，可减少细菌生长、预防和缓解耳朵疼痛、耵聍的积累和过敏症状。但要记住，不论成人或儿童，若耳朵出现感染的情况，在自己治疗之前，都要由执业医生先检查。

新鲜大蒜（2~3瓣）

新鲜的毛蕊花/干毛蕊花（2茶匙）

杏仁/荷荷巴/橄榄油（1/2杯）

将大蒜完全捣碎，毛蕊花碎成小块。在一台搅拌器或食物料理机中混入大蒜、花朵和油。搅拌或加工混合物呈浓浆状。将混合物倒入一个干净透明的玻璃品脱罐中，避光避热储存。确保草药始终浸没于油中；如有必要，需加入更多的油。每日摇晃罐子，如此两周。之后滤出草药，制成堆肥，把油装瓶贴签即可。避光避热储存。

使用时，用滴管将一些药油滴加到琥珀色瓶中，待其温度变为室温，将2~3滴药油滴入需要治疗的耳中。倾斜头部，以便药油轻松地流入耳道。按摩耳朵后部几次，帮助药油分散至整个耳道。每日重复2~3次。

金盏花是一抹在初夏绽放的金色光芒，然后它会持续整个夏季，在天气更暖的时候凋谢。其头状花序制成的药油、药膏和乳霜用于治疗伤口和烧伤是享誉已久的。

金盏花浸泡油

直接将这个美丽的金色药油涂在你的皮肤上，以舒缓皮疹、晒伤和皮肤敏感的情况，或将其用于治疗草药的药膏或乳霜配方中。如果将其储存在避光的阴凉处，则时间最多不超过两年。

枯萎的新鲜金盏花（1杯）/干金盏花（1/2杯）

杏仁/荷荷巴/橄榄油（1/2杯）

在一台搅拌器或食物料理机中，混合花和油，搅拌或加工混合物呈浓浆状。将混合物倒入一个干净透明的玻璃罐中，密盖，放置于一个温暖地方，避免阳光直射。确保草药始终浸没于油中；如有必要，需加入更多的油。每日用力摇晃罐子，如此2～3周。之后用带小网孔的过滤器或布，从油中滤出药渣，尽可能多地挤压出药渣中的油，药渣制成堆肥，把油装瓶贴签即可。避光避热储存。

敷药包 ▶▶▶

敷药包是一种浸透茶剂的药棉块或布，外用于治疗皮肤创伤（伤口、皮疹、皮肤感染、烧伤、擦伤和叮咬）、瘀伤、扭伤、拉伤、肌肉疼痛甚至器官充血（血流不畅可导致器官功能运作不良）。热敷药包对疼痛和感染有帮助，而冷敷药包能起到止痒或舒缓灼痛的作用。你可以用热水瓶来加热前者，用毛巾包住一个冰袋来使后者冷却。

热敷药包有多种治疗用途：浸泡金盏花茶的热敷药包有助于治疗伤口和静脉曲张；浸泡迷迭香茶的热敷药包有助于减轻关节炎的疼痛感或肌肉酸痛；浸泡百里香茶的热敷药包能预防和缓解皮肤表面感染。冷敷药包有去火和舒缓的作用：浸泡黄春菊茶的冷敷药包能减轻晒伤的疼痛感或皮疹；柠檬香蜂草可用作抗菌的敷药包，也适用于水痘和其他皮肤疱疹的暴发。你可以用任何易吸收液体的材料来制作敷药包——棉布、法兰绒、毛巾甚至旧T恤衫。我们使用的是洗脸巾，原因在于它们本身就具有吸收液体的能力，而且尺寸也常常便于使用。

用敷药包贴敷可治疗和修复皮肤损伤，也可缓解关节和肌肉的炎症。

简易敷药包

折叠一块柔软的布，充分浸泡于一杯浓的茶剂中，之后可贴敷于身体需要治疗的部位——如瘀青、拉伤、扭伤或炎症，如关节炎。

1.剪下一块棉布、法兰绒、毛巾或洗脸巾，并折叠；如有必要，可折叠至其面积稍大于患处。

2.将1杯新鲜的或1/2杯干燥的草药放入4杯纯净水中，充分浸泡20分钟，泡一杯深色的浓茶。如果你制作的是热敷药包，该茶剂可直接作用于患处；如果你制作的是冷敷药包，则待液体冷却后使用。

3.将敷布充分浸泡于茶剂中。取出敷布，让液体滴下，轻微挤压敷布，直到敷布完全湿润但无液体滴出为止。

4.将敷药包贴敷于患处。当热敷药包冷却后，可重新加热液体，再次将敷布浸泡于液体中。当冷敷药包开始变干或变硬时，可重新将其浸泡于液体中。你也可使用热水瓶或者冰袋来完成这一步。

5.同样的液体你可以使用两天，你也可以每次都制备一批新鲜的液体。当重复使用同种液体时，你不妨先将液体煮沸来杀死所有细菌，关火，待液体冷却至所需的温度后使用。

益"眼"草药敷药包

这个传统的配方能舒缓眼睛发红、受刺激的症状，也可减轻炎症、急性结膜炎和睑腺炎感染。俄勒冈葡萄对多种疾病或微生物都有抵抗作用，有助于减轻炎症和刺激；小米草是一种传统的舒眼草药，但它不能被人工栽培，所以你需要购买或用我们推荐的有同样效果的草药替代。此茶可用作敷药包、洗眼杯中的清洗剂，或从滴瓶中滴几滴在你的眼中，通过眨眼使液体扩散。

新鲜的俄勒冈葡萄茎/根（2茶匙）或干俄勒冈葡萄茎/根（1茶匙）

新鲜的小米草/黄春菊/毛蕊花/柠檬香蜂草（2汤匙）或干小米草/黄春菊/毛蕊花/柠檬香蜂草

（1汤匙）

纯净水（1/2杯）

棉球/药棉块

我们喜爱玻璃洗眼杯，因为它具有稳定性，但是你会发现塑料的洗眼杯也同样有效。洗眼杯在大多数药店都可以买到，也可以网上订购。草药洗眼剂能促进眼健康、对抗眼部红肿、发痒和干涩。

在一只深锅中，混合俄勒冈葡萄、小米草/黄春菊/毛蕊花/柠檬香蜂草和水，搅拌使其混合充分，密盖，将其煮沸。关火，继续浸泡10分钟。之后滤出药渣，制成堆肥。将一块无菌棉球或药棉块充分浸泡于茶剂中，取出后，轻微挤压药棉块，直到敷布完全湿润但无液体滴出，将其覆盖在受感染的眼部。用胶布将敷药包适当固定，如有必要，也可用一小块保鲜膜包住，再用一小块洗脸巾将其整个覆盖。继续贴敷15分钟。每日重复2~3次，或按需进行。

你每天可使用洗眼杯中冷却的茶剂洗眼2~3次。在洗眼杯中装入半杯茶剂，头部朝前倾，眼眶位于杯口中央，之后紧靠于杯口之上，形成密封状态。睁开眼睛，将头部向后仰，眨眼，你的眼睛做圆周转动，让茶剂能冲洗整个眼部。为避免茶剂溢出，你要一直用手固定洗眼杯，直到你向前低头为止。用过的茶剂需弃置，洗眼杯也要彻底洗净。

注意：用洗眼液之前，需取下隐形眼镜。

皮疹敷药包

这道配方中的草药有止血、舒缓和治疗的功效。它可被用于治疗对毒葛和毒橡树的毒素感染、荨麻疹、黑头以及未出脓的粉刺。

新鲜的金盏花（1/2杯）/干金盏花（1/4杯）

新鲜的洋蓍草叶（1/2杯）/干洋蓍草叶（1/4杯）

新鲜的积雪草叶（1/2杯）/干积雪草叶（1/4杯）

新鲜的夏枯草/胡椒薄荷（1/2杯）或干夏枯草/胡椒薄荷（1/4杯）

纯净水（4杯）

胡椒薄荷精油（2~3滴）（备选；适用于发热发痒的皮疹，像毒葛和毒橡树）

洗脸巾/棉布/其他吸水布

在一只有盖的深锅中，混合金盏花、洋蓍草、积雪草、夏枯草/薄荷和水，搅拌使其混合充分，将其煮沸，关火，用小火煨大约20分钟。待其冷却后滤出药渣，但不要丢弃它们。添加备选的胡椒薄荷精油，搅拌使其混合充分。把洗脸巾或其他敷布铺在碗里，用长柄勺舀取1/4杯或更多的湿草药，连同少许茶剂倒在布上。收拢布的边缘，包住草药，用绳子系紧或握紧这个药包。

将敷药包贴敷于患处10~15分钟，放回茶剂中充分浸泡几分钟后，取出敷于患处。再次重复，共贴敷3次。每日重复此过程2~3次，或按需进行。你也可滤出药渣，制成堆肥，只用茶剂来充分浸泡敷布（参见"简易敷药包"）。

注意：在使用敷药包的间隔期，你也可以在皮肤上涂抹圣约翰草浸泡油、金盏花油或乳霜，或芦荟凝胶；添加几滴胡椒薄荷油于这些药油中，能使发热发痒的皮疹感到清凉舒缓。

姜敷药包

这种敷药包有助于缓解肌肉或关节疼痛，以及快速治疗和减轻损伤带来的疼痛，如拉伤或扭伤。姜具有天然的抗炎症效果，在减轻疼痛和肿胀的同时，能加快血液循环、增加治疗免疫细胞的分布。在你使用冷敷药包贴敷12~24个小时之后，通常医生会上建议你每日应多次使用姜敷药包再次贴敷。

生姜（1盎司）/干姜（1/2盎司）

纯净水（4杯）

洗脸巾/棉布/其他吸水布

在一只深锅中，加入姜和水，搅拌使二者充分混合。将其煮沸，用小火煨30分钟。在其冷却前，小口啜饮1/2茶匙姜茶，它的味道应该是很辛辣的。如若不然，需在茶剂中添加1盎司生姜（或1/2盎司干姜），在其冷却前，用小火额外煨10分钟（姜的辛辣程度有所不同）。

让混合物冷却至其可以忍受的热度。折叠洗脸巾或其他敷布，直到其面积稍大于患处为止，充分浸泡于热茶中。取出敷布，轻微挤压，直到其完全湿润但无液体滴出，把它贴敷于受伤的部位。用一个小塑料袋或保鲜膜包住（以减少水分流失），然后用一块小的毛巾覆盖来保温，继续贴敷20~30分钟。

你先会感觉到姜敷药包逐渐冷却，但是大约20分钟后，你能感受到它再次升温。第二次感觉到的温热是由于姜本身的刺激作用。在你感受到此效果之后，继续用敷药包贴敷5~10分钟即可。每日重复贴敷2~3次，或按需进行。

乳霜、乳液和药膏 ▶▶▶

皮肤干燥、发痒？切口、擦伤、伤口感染或皮疹？保湿剂中——乳霜、乳液和药膏——含有的草药滋养成分，可以舒缓和修复上述症状。当然，皮肤是你身体最大的排泄器官。它常暴露于恶劣的天气中，多少有些脆弱。（没有毛皮或鳞屑的保护！）这就意味着它可能会受到天气的伤害，且易于出现皱纹和干燥的情况。因为你的皮肤也会呼吸，能从你的身体中排出毒素和其他物质，那么当皮肤排出这些物质的时候，你可能会经历一些诸如皮疹、粉刺或疖疮的不适症状。

乳霜、乳液和药膏都是草药治疗的一种绝妙方式，它们都可被涂抹于干燥、受损或问题性皮肤上，只不过它们各自的配方稍有不同。

乳霜。乳霜是一种油和水的混合物，加上少量用于身体和肌理的蜡。它与蛋黄酱有点相似，因为它是由油和水状或无油物质充分搅拌制成的，所以它们不会分开（此过程称为乳化）。蛋黄酱混合了油和鸡蛋；而乳霜则混合了油和茶剂精华。许多市面上销售的乳霜中都含有一种乳化剂，如硼砂，它能防止水和油分开，或者另一些乳化剂含有增加质感的物质，如羊毛脂、可可脂或鲸蜡醇。我们的配方中也含有维生素C粉，它可以起到轻微防腐的作用，但是你也可以在药店柜台，或者食品杂货店的罐装食品区，购买等量的维生素C替代。

乳液。与乳霜类似，但是乳液更淡一些，也含有更多液体。你可以倒出乳液，轻易涂抹，当你的皮肤发炎或需要呵护时，它会产生不同的效果。通过使用不同的原料，你可以创意地制造出止血、补水、抗真菌、抗细菌或修复性的乳液。我们的乳液中也含有维生素C粉，可起到防腐作用，你也可使用在乳霜中可能会用到的维生素E或迷迭香油来替代。

药膏。药膏是使用浸泡油的绝佳方式。它是用油和蜡制成的，通常略为密实，所以比药油使用起来更方便。尽管它不如乳霜和乳液那么湿润，但药膏可持续的时间更长，且能形成一道保护屏障来阻挡细菌和锁住水分（研究表明，湿润的伤口会比干燥的伤口更快愈合）。药膏使草药的治愈力贴近皮肤损伤，它可以减轻炎症和酸痛，以及减少足部和嘴唇上的皮肤裂伤。润唇膏是药膏的一种。药膏可由单一浸泡油或多种混合制成；为自己量身定制一种药膏既是一种挑战，也充满了乐趣。

在以下内容，你会发现制作乳霜、乳液和药膏的简易配方，以及一些标准配方，供你尝试用从花园里采摘的草药来制作。在动手制作以下任何一种配方之前，要格外注意将所有厨具、桌面、容器和你的双手洗净，因为这些原料的混合物易于腐败。保证任何东西都尽可能地洁净，你将会制作出持久的药物。

如果你制作乳霜，请注意它很容易腐败，所以如果你准备使用好几天，需将其储存于冰箱中。避免将手指直接伸进乳霜中从而带入细菌，应该用一根雪糕棒或小勺将乳霜从罐中舀出。

简易乳霜

乳霜主要是由水和油制得，水和油各自的混合物被称为一个"相"。首先分别制作和加热这两个相，然后在一台搅拌器中混合。在你将二者混合前，需要分别加热，使它们的温度尽可能接近（160℉～170℉）。

为了使几种相结合成乳脂状，需要用到乳化剂。我们用的是普通的家用硼砂，因为硼砂是一种天然、温和的物质，能完成该工作。

油相

蜂蜡1/2盎司（2～3茶匙）

椰子油（1汤匙）

草药浸泡油（4汤匙）

一种或多种自选精油（备选，香精或额外疗效）（10～20滴）

水相

茶剂精华（同你制备干茶时所用的）（4汤匙）或浓茶泡剂*

芦荟凝胶（2汤匙）

硼砂（1/2～1茶匙）

维生素C粉（1茶匙）

在一只深锅中，用中火加热蜂蜡、椰子油和草药浸泡油，直到用手触摸能感觉到温热但不烫手为止。添加备选的精油。在另一只深锅中，用中火加热茶剂、芦荟凝胶、硼砂和维生素C粉，直到用手触摸能感觉到温热但不烫手为止。（两个相都应该被加热至160℉～175℉）

将制备水相的原料放入一台搅拌器中，设定高速挡。通过搅拌杯杯盖上的开口，滴入油相的原料。在乳霜被充分混合后，倒入罐中。待其冷却后，密盖，贴上标签，即可冷藏储存。

为泡制一杯浓茶泡剂，需将磨碎的干草药（1杯）与新鲜烧开的水（1杯）混合，密盖，充分浸泡30分钟。

姜-卡宴辣椒热疗乳霜

对于肌肉痛和其他疼痛症状，你可以在这里寻得帮助。你自己动手制作浸泡油，添加磨碎或粉状的干姜（1/2杯），以及磨碎或粉状的干卡宴辣椒（1/2杯）。

油相

蜂蜡（2～3茶匙）（1/2盎司）

椰子油（1汤匙）

卡宴辣椒和姜-浸泡油（4汤匙）

鹿蹄草精油（10～15滴）（备选，香精和镇痛作用）

水相

姜茶精华（同你制备干茶时所用的）（4汤匙）

芦荟凝胶（2汤匙）

硼砂（1/2～1茶匙）

维生素C粉（1茶匙）

在一只深锅中，用中火加热蜂蜡、椰子油以及卡宴辣椒和姜-浸泡油，直到用手触摸能感觉到温热但不烫手为止。添加备选的鹿蹄草精油。在另一只深锅中，用中火加热茶剂精华、芦荟凝胶、硼砂和维生素C粉，直到用手触摸能感觉到温热但不烫手为止。（两个相都应该被加热至160°F～175°F）

将制备水相的原料放入一台搅拌器中，设定高速挡。通过搅拌杯杯盖上的开口，滴入油相的原料。在乳霜被充分混合后，倒入罐中。待其冷却后，密盖，贴上标签，即可冷藏储存。

护肤乳霜

这种乳霜能预防皮肤干燥和皲裂。它使用具有保湿和顺滑皮肤作用的甘油来配制，从而使制得的乳霜更淡，而且似奶油般柔滑。

油相

蜂蜡（1盎司）（约1/2汤匙）

椰子油（2汤匙）

杏仁油（4盎司）

自选精油（10～20滴）（香精）

水相

柠檬香蜂草/迷迭香/薰衣草的浓茶泡剂（2盎司）

甘油（2盎司）

硼砂（1茶匙）

维生素C粉（1茶匙）

在一只深锅中，用中火加热蜂蜡、椰子油以及杏仁油，直到用手触摸能感觉到温热但不烫手为止，添加精油。在另一只深锅中，用中火加热茶剂、甘油、硼砂和维生素C粉，直到用手触摸能感觉到温热但不烫手为止。（两个相

都应该加热至160℉～175℉）

　　将制备水相的原料放入一台搅拌器中，设定高速挡。通过搅拌杯杯盖上的开口，滴入油相的原料。在乳霜被充分混合后，倒入罐中。待其冷却后，密盖，贴上标签，即可冷藏储存。

　　为获得一种具有香甜气味的乳霜，可尝试在乳霜基质中添加等量的橙皮、葡萄柚、柠檬和薰衣草精油；为获得一种治疗伤口和感染的抗菌乳霜，可搅拌加入百里香、牛至或茶树精油；为获得一种护肤和抗衰老的乳霜，可添加迷迭香精油和/或维生素E油（使用积雪草茶来制作水相）。

抗真菌乳霜

　　这种乳霜十分好用，可适用于治疗足癣、皮癣和其他常见的真菌感染。在这种情况下，预防是最好的药物。别让足癣的真菌转移到你的指甲！因为指甲里的真菌很难或无法治疗。

油相

蜂蜡（1/2盎司）（约2～3茶匙）

椰子油（1/2盎司）（1汤匙）

金盏花浸泡油（4汤匙）

牛至/百里香精油（10～20滴）

水相

浓的百里香茶泡剂（4汤匙）*

芦荟凝胶（2汤匙）

硼砂（1/2～1茶匙）

维生素C粉（1茶匙）

　　在一只深锅中，用中火加热蜂蜡、椰子油以及金盏花浸泡油，直到用手触摸能感觉到温热但不烫手为止，添加精油。在另一只深锅中，用中火加热茶剂、芦荟凝胶、硼砂和维生素C粉，直到用手触摸能感觉到温热但不烫手为止。（两个相都应该被加热至160℉～175℉）

　　将制备水相的原料放入一台搅拌器中，设定高速挡。通过搅拌杯杯盖上的开口，滴入油相的原料。在乳霜被充分混合后，倒入罐中。待其冷却后，密盖，贴上标签，即可冷藏储存。

为制作一杯浓茶泡剂，需将磨碎的干草药（1杯）和新鲜烧开的水（1杯）混合，密盖，充分浸泡30分钟。

简易乳液

金盏花、黄春菊、聚合草、姜、薰衣草、俄勒冈葡萄、胡椒薄荷、车前草和迷迭香，都是用来制作浓茶泡剂的不错选择。

盐（1/2茶匙）

浓茶泡剂（1/2杯）*

化妆土

维生素C粉（1/2茶匙）

一种或多种自选精油（25滴）（香精）

将盐溶解于装有茶剂的小碗中。搅拌加入化妆土和维生素C粉，直到混合物呈奶油状为止。添加精油并充分搅拌。装瓶，贴上标签后，即可冷藏储存。

为制作泡剂，需将磨碎的干草药（1杯）和新鲜烧开的水（1杯）混合，密盖，充分浸泡30分钟。

毒葛或毒橡树乳液

对于任何遭受毒葛或毒橡树、各种皮疹或烧伤甚至粉刺折磨的人，这种乳液能快速、彻底地治疗这些皮肤病。

盐（1/2茶匙）

车前草和/或金盏花浓茶泡剂和/或芦荟凝胶（1/2杯）

化妆土（可由深山玫瑰草药铺子购得；参见资源列表）

胡椒薄荷精油（25滴）

维生素C粉（1/2茶匙）

将盐溶解于装有茶剂或芦荟凝胶的小碗中。搅拌加入化妆土和维生素C粉，直到混合物呈奶油状为止。添加精油并充分搅拌，倒入瓶中，密盖，贴上标签后，即可冷藏储存。按需涂抹于患处，避免其进入眼睛和黏膜。

为制作泡剂，需将干草药（1/2杯）和新鲜烧开的水（1/2杯）混合，密盖，充分浸泡30分钟。

简易药膏

在此配方中，金盏花、卡宴辣椒、姜、胡椒薄荷、迷迭香、圣约翰草和姜黄，都是用来制作浸泡油的不错选择。

蜂蜡（1盎司）

浸泡油（1杯）

一种或多种自选精油（香精/额外疗效）（5~10滴）

用研磨器将蜂蜡磨碎后装入一个小碗中备用。用深锅或双层蒸锅温和加热浸泡油至大约100℉。缓慢加入磨碎的蜂蜡，随着其熔化不断搅拌。关火，待混合物冷却几分钟之后，添加精油。搅拌，使其充分混合。将制得的药膏倒入罐中，待其冷却。密盖，贴上标签即可。按需将药膏涂抹于患处。你可以永久储存药膏。

药膏小贴士

如果你偏好的药膏，比这道配方制出的更坚固或更柔软，只需相应添加更多或更少量的蜂蜡或油即可。你可以在药膏变硬之前测试它的稠度，舀出一勺药膏，将勺子的底部浸泡在装有冰水的小碗中，让药膏变硬。如果你感觉它太软，可再次加热原料，加入更多的蜂蜡即可；如果你感觉它太硬，可再次加热原料，加入少许油即可。你可以在每次添加后测试，以便获得偏好的稠度。有时，在你把药膏倒入罐中，待其差不多凝固时，药膏表层的中间会出现一个小坑，你可以添加少量的热药膏把坑填平。

治疗药膏

可用来减轻炎症，和减少因皮肤损伤而引起感染的可能性。

蜂蜡（1盎司）

由同比例的金盏花、洋菁草和圣约翰草-浸泡油组成的浸泡油（1杯）

自选精油，如薰衣草/橙子/薄荷/百里香精油（香精）（5～10滴）

用研磨器将蜂蜡磨碎后装入一个小碗中备用。用深锅或双层蒸锅温和加热浸泡油至大约100℉。缓慢加入磨碎的蜂蜡，随着其熔化不断搅拌。关火，待混合物冷却几分钟之后，添加精油。搅拌，使其充分混合。将制得的药膏倒入罐中，待其冷却。密盖，贴上标签即可。按需将药膏涂抹于患处。你可以永久储存药膏。

治疗型润唇膏

润唇膏与药膏在配方上没有区别，除了你可能希望将它制作得稍微坚硬一些。它对嘴唇皲裂、干燥有奇效。

蜂蜡（1盎司）

浸泡油（金盏花/姜/胡椒薄荷/留兰香/迷迭香/圣约翰草都是不错的选择）（1杯）

自选精油（5～10滴）（香精）

用研磨器将蜂蜡磨碎后装入一个小碗中备用。用深锅或双层蒸锅温和加热浸泡油至100华氏度。缓慢加入磨碎的蜂蜡，随着其熔化不断搅拌。关火，待混合物冷却几分钟之后，添加精油。搅拌，使其充分混合。将混合物装入唇膏管，待其冷却。密盖，贴上标签即可。

第四章
使用药草

养生的时间到了！在这一章，你可以用最实用的术语，学会如何使用草药——懂得草药的剂量、针对性和草药的养生法。我们的重点在于预防，并不想使用复杂的医疗术语，向你介绍能够舒缓和治愈各种症状和小病痛的草药。最重要的是，将让你相信我们的建议：草药使用的方法是建立在科学研究的基础上的，我们还引证草药师的经验和一些相关的医学研究，这些研究显示，在对成千上万的参与患者进行治疗的临床研究中，草药的应用是十分安全的。

　　我们每个人都想过上快乐、充实而富有创意的生活。如何才能实现这个目标呢？毫无疑问，获得和维持良好的健康状况是关键。最重要的是，需要留意我们的身体密码和生活习惯。这就意味着，要定期审视身体的内部，来检查我们的所需：除了保持健康的生活习惯外，我们是否需要休息、营养、情感交流和身体的接触、舒展，还有运动呢？人生需要修炼，不是要修炼成病秧子，而是要把身体修炼得更健康。就像练钢琴或学外语，需要努力、支持和重复才能达到。在当今社会，压力是我们生活的一部分，修炼的过程，要求我们必须了解如何以最好的方式来有效应对各自的日常压力。

　　如何减少压力及其对健康的影响，对每个人而言，几乎都是一种挑战。我们当中的一些人，求助于药物治疗，往往不仅难以真正减压，实际上，还让症状变得更加糟糕！我们或许会陷入一个怪圈：感觉到压力，尝试治疗压力，最后却发现压力没有减轻，反倒加重了。

　　为了打破这一恶性循环，你必须从这个怪圈中走出来，寻求替代方法，恢复活力，使用真正能减压的方法，保持真正减压的习惯。正如我们已经形成添加压力的习惯一样，我们现在也可以养成恢复健康的习惯。

　　尽管压力是当代生活中一个不可避免的部分，但仍有一些自然疗法可以缓解、预防或治疗其症状——这些方法不仅流传已久，而且已经得到证实。在探索这些方法的时候，首先要记住，为了让你全部的身体系统运作良好，你需要给它休息的时间和活动的时间。可正是"休息的时间"，让我们中许多人觉得难以接受，因为我们对生活中的"忙乱活动"已经习以为常，以至于觉得忙乱是必不可少的。然而，如果我们没有恢复活力的时间，那么，严重的疾病就会自动找上门来。失去了健康，我们现在正在做的所有为之疯狂的事情，将来都无法享受得到。

另一个非常重要的活动是内心活动——它与更高的智慧或精神道路相关，例如消除过去的创伤、获得理解、乞求错事被原谅，还有原谅他人。如果忽略这方面的问题，我们将不断给自己的生活带来混乱，而这可能是压力的首要来源。

任何恢复健康的养生法，最终的核心在于：每天切实地留意帮助自己的身体，通过身体自身的力量达到自愈、维持健康。我们能够做到这一点：只要我们保证充足的睡眠，平衡睡眠和活动之间的关系；再采取一些技巧（如做冥想和瑜伽），给生活创造祥和与宁静；还有，巧妙地、下意识地使用天然草药和食品。

世界上的绝大多数人，自古以来都通过使用草药来预防疾病、恢复健康。除了中国人，还有第三世界中大约60%～70%的人口，至今的医疗保健首选，还是有赖于草药。可是，当你拾起这本书，想了解更多的草药知识的那一刻，就已经证明，在今天，一股新的浪潮正在涌起。一方面，由于人们对于处方药物的潜在危害有所顾虑；另一方面，人们对保健替代品也有了新的认识，因此，大家对保健草药的兴趣正在迅速升温。

在后面的内容里你将看到，一些有可能引发健康问题的因素的简介，还有解决这些问题的方法及健康习惯。我们希望，你能用上这些信息，来实现你所期待的改变，使你越来越熟悉草药的非凡效果。请务必记住，我们只是给出过去和现在关于草药的记录，帮助你获得健康，我们不是针对某种病症，开具草药处方。请配合医生或保健职业医师，结合目前的治疗方案使用草药。只有行动方案足够完备——包括草药的安全、正确使用方法，才能持久、可靠地获得和维持健康的活力。

❧ 关节炎和关节酸痛

关节炎是一种发生在身体关节的慢性炎症，其伴随的症状如发红、疼痛、肿胀、僵硬，以及关节和骨骼最终的退行性病变。它发生在遗传易感的个体上，由慢性炎症所引起。近来，在医学界，炎症被认为是引起多种疾病的一项重要的潜在因素，这已得到了广泛认可。

　　饮食中摄入大量的红肉、精制糖、辛辣油炸食品和咖啡等兴奋剂，再加上压力、工作过度、不良的睡眠和运动习惯，均有可能会引起慢性炎症。炎症的形成常常需要多年时间，所以在你四五十岁甚至更晚以前，可能不会出现任何症状。改善饮食习惯对减轻炎症至关重要，而且任何时候做出改变都为时不晚。许多草药和食物都具有天然抗炎症的特性，而且你可以每天使用，使炎症处在一个正常范围之内，这有助于缓解症状。

　　下列的草药可制成茶剂（泡剂或汤剂）、酊剂或胶囊服用。你可以自己动手制作，或者购买市面上含有这些草药的抗炎膳食补充剂。其中一些草药，如啤酒花和姜黄，经过特别的深入研究，已证实确实具有减轻炎症的作用。

- 姜黄可随意用于烹饪和制作花茶。
- 甘草、女贞和红三叶草都是美味的抗炎药。

🍀 烧伤和晒伤

　　一度烧伤会破坏你的皮肤最表层，引起疼痛、发红和肿胀。二度烧伤影响你皮肤的表皮层和真皮层，除了具有一度烧伤的疼痛和红肿外，还会出现水泡。三度烧伤是最严重的一种，伤及更深的组织。三度烧伤、受伤面积直径超过2~3英寸的二度烧伤，或在你的手、脚、脸部、腹股沟、臀部或主要关节处的烧伤，都属严重的医疗紧急情况，须立刻接受专业医护人员的治疗。

　　如有一度和二度烧伤，立即将冷水、清凉或冰镇的药包敷于患处，或将患处泡在舒适的冷水中，至少5~10分钟。接下来的24小时内，尽可能多地涂抹芦荟胶、治疗药膏或乳霜于患处。

　　我们特别推荐全天使用新鲜的芦荟胶和芦荟汁——它通常能带来快速缓解的效果——以及涂抹圣约翰草油。下列的草药可制成茶剂（泡剂或汤剂）、酊剂或胶囊服用。

- 芦荟无与伦比。将芦荟叶切下，并挤出凝胶。当你正在治疗烧伤，正好要出门在外的时候，可将新鲜的芦荟叶放入小塑料袋，存于口袋或坤包中。
- 不论是自制的或是购买的圣约翰草油或金盏花油，在对烧伤进行冷敷或冰镇处理后，都可大量频繁使用。

● 车前草叶可用于泥敷剂中。

● 聚合草浆也具有舒缓效果。将聚合草根捣碎，用湿滑的草浆直接涂抹，也可以装入一个小布袋中敷于伤处；当草浆干透后，重新更换。

胆固醇的平衡

高胆固醇（又名高血脂）指的是过量的胆固醇在血液和身体组织中进行循环。对高水平含量的定义，为总胆固醇水平高于200mg/dL；或高密度胆固醇（HDL，或所谓的"好胆固醇"）水平低于35mg/dL；或高密度胆固醇和低密度脂蛋白（LDL，或所谓的"坏胆固醇"）的比例低于4：1。胆固醇由肝脏所产生，而且高胆固醇水平一直与心血管疾病的风险增加有关。致病因素包括压力、大量摄入精制糖或氢化油、经常食用动物脂肪和遗传基因等。

饮食中富含水果、蔬菜和纤维，尤其是许多全谷类和豆类食物，有助于降低胆固醇。一些可降低高胆固醇的草药，以及平衡肝、胆功能的草药可用于草药治疗。

经常使用大蒜和姜黄来烹饪食物，能给你控制胆固醇所得的成果中，增添一种可口的味道！草药——例如朝鲜蓟叶，能激活肝功能，而且能很好地搭配在"苦味"配方中。

下列的草药可制成茶剂（泡剂或汤剂）、酊剂或胶囊服用。

● 草药师们推荐使用苜蓿来保持一个健康的胆固醇平衡。

● 在市面上可以买到的稀释芦荟胶或芦荟汁，有助于维持正常的肠道功能。

● 朝鲜蓟有助于促进胆汁流动，以及降低胆固醇的含量。

● 蒲公英根可制成益肝茶来饮用，或者也可将其绿叶炒后食用。

● 大蒜泥可以搅拌入汤、加入到炖菜和其他菜里。生蒜通常比熟蒜更加有效。

● 烹饪时加入姜黄，有助于维持正常的肝功能，从而平衡胆固醇含量。

♣ 感冒、流感和呼吸道感染

我们都知道感冒和流感，而且对它们再熟悉不过了。在美国，普通人平均每年患2.5次感冒，如果考虑到总的人口数量（大约3亿人），就等于每年有7.5亿次感冒的发生。那么药房里贮备的一些药品，用来帮助减轻一些症状，如头痛、身体疼痛、喉咙痛、鼻塞、精神不振和睡眠质量差，就不足为奇了。幸运的是，你能种植和配制出多种草药，来有效对抗感冒和流感。

睡眠是避免感冒发生的关键因素。近期，加州大学洛杉矶分校（UCLA）做出的研究报告显示，和睡眠时间少于8小时的参与者，以及睡眠质量差的参与者相比，那些每晚有8小时良好睡眠的参与者，他们生病的可能性要小得多。频繁洗手也是一种熟知的方法，可以降低上呼吸道感染的发生率，因为这种感染本质上是由病毒引起的。请记住，许多病毒性物质会通过眼睛黏膜进入你的体内，比如接触一个带菌的门把手，然后擦眼睛，这会极大增加你受感染的风险。

一些草药有助于预防和治疗普通感冒、流感和其他呼吸道感染，可分为几大类。下列的草药可制成茶剂（泡剂或汤剂）、酊剂或胶囊服用。

● 有助于预防感染的免疫滋补草药包括：黄芪、大蒜、女贞和夏枯草。

● 当首发症状出现时，免疫促进剂有助于激活防御能力，它应该被用于整个感染过程中，而且要在感染结束的4～5天后停止使用，这样可避免感染的反弹。具有促进免疫功效的草药包括紫锥菊、大蒜、柠檬香蜂草、牛至、百里香和圣罗勒。

● 有些草药针对于治疗特定的感冒和流感症状，如接骨木、胡椒薄荷和洋蓍草可以退烧；鼠尾草有助于减轻喉咙痛；花菱草可以缓解头痛。

● 用于降低病毒活性及其传播的抗菌草药包括：穿心莲、接骨木（浆果）、百里香和洋蓠菜。

事实上，许多草药的功效是相似的。例如，紫锥菊亦有助于缓解许多与呼吸道感染有关的症状。

❀ 便秘和肠道调理

走进任何一间药房，寻找摆放泻药的货架，你通常会发现货架上摆满了各种各样有助于通便的产品。这些产品通常包含强效的刺激性轻泻药番泻叶或体积性轻泻药欧车前籽和欧车前籽壳。

造成便秘的因素有很多，最主要的原因是膳食中缺少纤维。我们食用纤维的量，大约只占我们消耗纤维量的十分之一。纤维大多存在于全谷类食品、水果、野生绿色蔬菜以及根茎之中，它能刺激肠道运动，且有助于清理体内垃圾和调节胆固醇含量，同时也能"喂养"产生营养物（如B族维生素）的有益菌，以及刺激和强化我们身体的免疫过程。

其他导致便秘的情况包括久坐不动、持续不停地进食、过度饱食、饮用含兴奋剂的饮料，以及经常食用高度精制的食物等。

经常食用含有纤维的饮食，不管纤维存在于任何形式中——豆类、全谷类、蔬菜或水果，都能产生极大的益处。锻炼和适当饮水也有帮助，而且多数新鲜的水果和蔬菜都能给肠道补水。

使用少许圣约翰草油来进行自我腹部按摩（甚至可以透过衣服按摩，不用药油来完成），有助于放松和消除腹部张力，从而使得排便通畅。

下列的草药可制成茶剂（泡剂或汤剂）、酊剂或胶囊服用。

● 尽管芦荟凝胶药效温和，但一天多次使用也能起到刺激肠道的作用。

● 苦味草药可刺激肝脏产生胆汁，以及其他的消化酶，促进通便。这些草药包括：朝鲜蓟、俄勒冈葡萄根、姜黄和苦艾。

● 芳香的温和草药如欧白芷和茴香，能促进良好的肝肠循环，增加消化酶的释放。

● 药蜀葵根有黏性，对消化道有舒缓作用，而且有助于减少肠内刺激。

☘ 咳嗽

咳嗽是一种对身体的保护性动作。当你患有呼吸道感染时，如感冒、流感、肺炎或支气管炎，由于身体对病毒的免疫反应，你的喉咙往往会受到刺激。在身体与受病毒感染的细胞进行战斗之后，产生的废物会令肺部和支气管区域充满黏液，咳嗽的反射作用能将这些黏液清除。

最近的研究证实，睡眠是每个人都可以得到的最重要的免疫"助推器"之一。特别是在有很大压力或者冬季时，呼吸道感染往往会引起咳嗽。每天晚上保证8小时以上的睡眠，有助于预防呼吸道感染的发生。饮用温的或热的具有免疫推动功效的茶剂通常也会大有裨益。我们推荐毛蕊花和甘草茶，另加少许紫锥菊当做日常茶饮，在寒冷季节不时地饮用。

下面这些都是用来预防咳嗽，或减轻咳嗽严重程度的极好的草药。下列的草药可制成茶剂（泡剂或汤剂）、酊剂或胶囊服用。

- 毛蕊花可作为日常茶饮，加入甜叶菊或甘草可增加甜味。
- 甘草具有很好的化痰效果，可以在整个寒冷的季节里使用。
- 鼠尾草是治疗喉咙痛和感冒的最好药物之一。鼠尾草叶可以咀嚼，咽下其汁液可以缓解喉咙痛。
- 紫锥菊，或者再加入柠檬香蜂草，能够在冬季保持你身体的免疫系统活性。
- 小口啜饮药蜀葵茶，可以减轻喉咙发炎的症状。

☘ 皮炎、皮疹和粉刺

皮炎是一种真皮或皮肤的炎症，其产生的原因，可能是对食物或其他如花粉等过敏原的过敏反应，或者是对环境中如刺鼻的肥皂或油漆等刺激性化学物质的接触。另一个常见原因是持续的紧张或压力。重要的是，你需要找出刺激源并消除它，或者找出产生压力的原因，采取措施减少或消除压力。

你的草药治疗方案中，或许用到了舒缓、抗炎的药膏和内服的草药，来加速皮肤的治愈过程。如果是慢性的情况，还要用到消化促进剂（用于增加胃酸和其他消化酶的生成）以及免疫调节剂（激活身体免疫系统的草药）。

对于炎症和发痒的情况，有些草药可用于身体外部，起到局部缓解的作用；你可以参照第三部分制作草药中的配方，来制作乳霜和敷药包。在慢性皮疹形成的过程中，可以经常使用另外一些草药，来平衡身体内部的变化。下列的草药可制成茶剂（泡剂或汤剂）、酊剂或胶囊服用。

● 金盏花乳霜，或浸泡金盏花茶的热敷药包，都适用于发炎的皮肤。

● 浸泡车前草茶、洋蓍草茶和俄勒冈葡萄茶的敷药包，能缓解粉刺的症状。

● 直接将芦荟凝胶涂抹于你的皮肤上，能起到止痒和减轻炎症的功效。

● 黄春菊茶用于冷敷药包中，可缓解皮疹的症状。

● 饮用接骨木（花）茶，可以减轻炎症、舒缓慢性皮疹。

● 红三叶草是一种重要的清洁草药，可以从根本上帮助减少皮肤问题。

● 牛蒡能刺激胆汁流，促进肝功能，从而帮助肝脏排出毒素。

🍀 糖尿病

糖尿病是一种新陈代谢（指有关消化、吸收以及能量的产生和利用的全部过程）的疾病。当身体中的胰岛素不能将血液中的糖分充分转移到细胞中，就出现了糖尿病。如果长期过量摄入精制糖，并伴有严重、持续的压力时，或有家族遗传，就可能患上糖尿病。在轻度的情况下，可以口服胰岛素补充剂。在较严重的情况下，必须每日注射胰岛素。

要预防和控制糖尿病，低脂肪、低糖和高纤维的饮食是绝对必要的，而且适度的锻炼也不能少。草药治疗方案可以使用适应剂（帮助你的身体适应外部的压力和变化，并帮助平衡你身体的新陈代谢过程的草药）、稳定血糖和平衡身体新陈代谢的草药、降血糖的草药，以及胰腺补药。

尽管糖尿病不可治愈，但经常在你的饮食中添加这些草药，能够帮助你维持健康的血糖水平和胰岛素代谢平衡。下列的草药可制成茶剂（泡剂或汤剂）、酊剂或胶囊服用。

● 黑种草有美味的种子，你可以将其添加到沙拉、汤羹和其他菜肴中。

● 芦荟凝胶或芦荟汁可经常用于饮品和果汁中。

● 姜黄可经常用做香料，在多数咖喱料理中你都能找到它。

● 甜叶菊可作为甜味剂加入饮品和烹饪中，有助于减少糖的摄入量。（甜叶菊是无热量的！）

● 大蒜在捣碎后，可搅拌加入到汤羹、炖菜和其他菜肴中。生蒜常常比熟蒜更强效。

🍀 消化问题（消化不良、疼痛和饭后腹胀）

关心你的消化系统：从你出生那一刻起，每天24小时，消化系统负责给你的身体提供其所需的全部能量。由于你身体大约60%的免疫组织以及数以亿计的细菌，都住在你的肠道内（小肠和大肠），因此你的消化道也极大地参与了身体的免疫反应。最后，你的消化道也会产生许多激素（如血清素），能够调节你的睡眠反应与心情（这是激素的其他功能中的第二种）。因为它是真正构成健康的基础，所以你要留意消化道所负责的一切活动。

当生活中出现问题的时候，有些事情可能会彻头彻尾地出错，从而对你的情绪、体力、精力和免疫系统等都有不利的影响。腹部的不适与疼痛、便秘、肠气和腹泻只不过是身体的局部症状，是预示体内失调的信号，然而一旦消化系统失调，可能会产生更大的影响，而且几乎没有什么明显的指示信号。

告诉你一个让消化系统变得非常健康的好习惯，你可以每天自己对腹部进行按摩——最多5分钟。首先，平躺，双手按顺时针方向移动，用力抚摸，这能帮助舒缓"堵塞"或疼痛之处。坚持按揉，你会收到许多明显的效果，其中包括减少出现肠气以及饭后不适等症状。

饮食要简单，并避免过度饱食。在你吃自助餐的时候要小心，因为在这种场合，你一下就能吃到大量的食物。我们的身体倾向于消化简单搭配的食物，油多爆炒的食物在身体中的吸收和分解会很慢。因此最好是不要太油，也不要爆炒。让你的消化系统得到定期的休息：晚上不要吃得太晚，早上也不要吃得太早。遵守有节律的生活，要吃得非常清淡——只需简单的白粥、全谷类食品、生鲜、果汁即可，甚至空腹。减到低于正常热量的做法，可将你的身体系统重设至健康状态。你还可以经常摄入益生菌（助消化的"友善"细菌，类似酸奶中的活性菌），每日的摄入量为200亿～500亿个，这样能真正帮助调节肠道、促进消化。

有些不含任何营养成分的食物（如甜甜圈、白面包、软饮料）需要能量来消化，却并不能带来任何益处。记住：对那些毫无营养价值的食品说不！

草药师所推荐的草药，适用于治疗全方面的消化功能和功能紊乱，而这些草药可以分为几大类。下列的草药可制成茶剂（泡剂或汤剂）、酊剂或胶囊服用。

● 消化促进剂有助于促进酶的生成，而酶能给消化过程带来活力，增强吸收。消化促进剂包括欧白芷、朝鲜蓟、卡宴辣椒（和其他辣的辣椒）、大蒜、姜、姜黄和苦艾。这些草药，可以在饭前或与饭菜一同食用。世界上常见的各种美食都是这样做的。

● 驱风剂有助于减轻肠气、调节消化，从而使得肠胃通畅。驱风剂包括：茴藿香、罗勒、猫薄荷、茴香、黑种草、牛至、胡椒薄荷、鼠尾草和百里香。这些草药可以用来制作热茶，饭后可立即饮用。

● 芦荟凝胶、牛蒡、俄勒冈葡萄根和皱叶酸模能起到通便、调理的作用。经常在晚上睡觉之前使用这些草药，有助于第二天更好地排便。

● 有些草药可解决消化问题，缓解不适和恶心的症状。这些草药包括姜、薰衣草、柠檬香蜂草、柠檬马鞭草、胡椒薄荷、苦艾和洋蓍草。如果你感觉到身体有何不适，可以在饭后使用这些草药。

♣ 疲劳

我们中的大部分人都对疲劳的状态非常熟悉。疲劳并非总是令人不快，但当疲劳的状态持续较长时间，就可能带来灾难性的影响。不过，不要把这种疲劳和结束一天的徒步旅行或园艺劳作之后的疲劳混为一谈。在旅行或劳作后，你会非常渴望在自己钟爱的摇椅上好好放松一下，或美美地睡上一觉。耗费体力的运动会对你的心血管系统有好处，能让你保持身体健康和精力充沛、延缓衰老，让你睡得更香甜。

你是否曾经感觉手脚沉重？是否有过无精打采、思维混乱、缺少欲望和动力，而不能完成你的梦想的时候呢？偶尔经历这些情况是正常的，但是，如果同样的情况持续几天或几个星期，这就被称为"慢性疲劳"，是需要想办法解决的。

在现代社会，人们越来越多地消耗含有咖啡因和大量精制糖的食物和饮料。这在某种程度上证明了慢性疲劳实在是太常见了。软饮料、功能饮料、咖啡和绿茶在每一个小卖部、便利店、家具装饰商店和农产品摊上都能买到。我们中的许多人需要这些"提神药"才能每天早上起床、出门、活动一整天以及消除长时间用电脑产生的疲惫感。而且，需要"提神药"，似乎已成了常态。

正如管理你的财务资源一样，你同样可以管理你的能量资源。你可以把咖啡因和精制糖当成信用卡，在你的精力被耗尽、感到劳累的时候，借助这两种能量增强剂，来刺激神经系统和激素的分泌，从而"借"得更多的能量。但是，正如我们所知道，这种模式不可能永远持续下去。更好的"刺激方案"是：天然药物和健康习惯的结合。

在这个能量方程式中，记住要避开"空热量"的食物（如精白面粉产品不能提供任何营养，却需要消耗身体大量的能量来消化）；当你面对压力、持续的烦恼，或因琐事不快的时候，要克制自己的情绪。

有多种方法能让你节省甚至提高身体的能量水平。比如做舒展和瑜伽运动来释放紧张情绪、食用富含纤维的天然健康食品以及冥想等。另外，你感觉到的大部分的疲劳，有可能根本不是由能量不足引起，它产生的原因很有可能是传统中药上所说的"气虚"。如果你坐的时间太长，身体的运作就会受到阻碍，肌肉和器官中的血液、能量池便不会输送有活性的营养成分和氧分，体内废物也排不出来。

我们都知道一些能够给我们提供更多能量的著名草药，比如咖啡和茶。它们能在你陷入停滞状态的时候，刺激身体的运作，提高心理机能。绿茶是全世界饮用量第二大茶种，为什么呢？因为绿茶除了含有适量的咖啡因之外，还有很显著的保护和治愈功效，人们可以从"品茶的陶醉感"中获益。不过，除了被我们过度消耗的咖啡因外，仍有其他草药不用通过刺激神经系统和激素分泌，就可以帮助补充足够的能量。

下列的草药可制成茶剂（泡剂或汤剂）、酊剂或胶囊服用。

● 欧白芷、朝鲜蓟和茴香通过激活由肝脏和其他消化器官分泌的酶，有助于促进更完全的消化。

● 南非醉茄被推荐用于对抗压力和提升能量。

● 经常使用黄芪，有激活免疫力和抗疲劳的功效。

● 牛蒡是日本料理中的一个常规部分，牛蒡的使用可以增强身体活力。

● 黄春菊和薰衣草都是味道可口的草药，有助于身心的放松及释放紧张的神经。

● 迷迭香中含有几种成分（如莰酮），有助于激发神经系统的活力。

● 甘草和女贞，常被推荐作为适应剂。它们有助于对抗压力带来的有害影响，并增加能量。

● 黑种草能促进消化、增加能量。

● 红景天在俄罗斯和斯堪的纳维亚（和世界上的越来越多的其他地区）被广泛使用，其作用是增强耐力、保持思维清晰和对抗压力。

🍀 发烧

发烧是身体的免疫功能中有益且正常的一个部分，它预示着你的免疫系统正处于警戒状态，正在帮助你对抗细菌和病毒的感染。而且，发烧通常与损伤以及某些新陈代谢紊乱联系在一起，比如甲状腺机能亢进（简称甲亢）。在今天，人们认为，持续性的炎症如果不是所有慢性疾病形成的原因，那也是绝大多数慢性疾病形成的原因，比如关节炎、糖尿病和心脏病。

如果是因为对抗病毒性感染而迅速出现发烧的情况，那么你可以使用清除内热（清凉）的草药来控制，同时使用含有天然水杨酸盐（同阿司匹林中的成分）的草药，如白柳树皮茶（或其标准萃取物）或旋果蚊子草叶茶。内热也可借助于有清凉、利尿作用的草药，通过排尿加以清除。如果发烧温度过高（超过40℃），则可以遵照草药养生法，用草药海绵擦澡来降低体温，或者甚至泡在一桶凉水中，最后让你的保健医生检查一下即可。

下列的草药可制成茶剂（泡剂或汤剂）、酊剂或胶囊服用。

● 猫薄荷、接骨木（花）、紫锥菊、金银花、柠檬香蜂草、胡椒薄荷、俄勒冈葡萄、夏枯草和洋蓍草，都是可以用来治疗发烧的极好的草药，可制成泡剂和汤剂进行服用。你可以在一天中，每隔1~2小时，饮用一杯或一杯以上，来减轻发烧的症状。按照草药搭配的功效和平衡，可以混合几味草药，获得你喜欢的口味。

🍀 胆结石和肾结石

胆囊的作用是对肝脏产生的胆汁进行储存和汇集。胆汁对脂肪的消化和吸收具有重要作用，而你的身体正常运作离不开它，因此有必要将胆汁的分泌及其在体内的传送保持在某种健康的速度。当胆汁的分泌"停滞"（如出现脂肪消化不良）时，你的肝脏和胆囊可能会出现小毛病，此外，还可能出现由脂肪代谢不良而引起新陈代谢紊乱。

此时你要避免食用过多辛辣、油腻、油炸的食品。如果饮食中富含每日所需的纤维、有机水果和各种绿叶蔬菜（尤其是味苦的，如蒲公英），而少食用人造脂肪，那么将对身体有所助益。另外，还可以使用草药有助于促进胆汁的流动，保持胆汁的化学成分在一个适当的比例。

下列的草药可制成茶剂（泡剂或汤剂）、酊剂或胶囊服用。

● 将蒲公英（叶子和根部）加入你的饮食中，并将朝鲜蓟和苦艾制成茶剂和酊剂饮用，促进胆汁的分泌、流动。你也可以服用这些草药制成的胶囊，但苦艾除外，因为它主要用于制作泡剂。

🍀 肠气

胃肠胀气经常出现在哺乳动物身上，这是由于食物残渣到达大肠时，细菌分解发酵后所导致的结果。肠气的主要成分为氮，人类产生的肠气本身是无害的，但是，它可能会让人不快，并且有时候令人难堪，过度的胀气可能是消化不完全或消化不良的征兆。

豆类食品负有产生肠气的恶名，在食用前应确保将干豆浸泡一整晚，用慢炖进行烹调，直到豆子变软为止（有时你在餐馆吃到没煮熟的豆子，这对许多人来讲都是个问题）。其次，要把苦味的药和味苦的绿色蔬菜（如苦苣）放进你的食谱当中，特别是准备食用富含脂肪或蛋白质的食物的时候。而且，你要记住：吃饭要细嚼慢咽。

我们建议你食用下列的草药来减少肠气。可将这些草药制成茶剂（泡剂或汤剂）、酊剂或胶囊进行服用。

● 新鲜的蒲公英嫩叶有一种苦味，可直接加入沙拉中，或将其烹调，以获得更温和的治疗效果。

● （在饭前饮用）苦艾茶和朝鲜蓟茶，二者都有助于保持胆汁的流动，并抑制肠气。

● 茴藿香、茴香或黑种草茶，在饭后饮用，有助于抑制胃肠积气过多，以及减轻胃肠胀气的疼痛感。

● 胡椒薄荷制成的茶剂或糖果，是许多主流餐厅为高脂高能食物设置的最后一道屏障。你可以经常在你的口袋或钱包中携带一小瓶胡椒薄荷油；每次只需在一杯加有柠檬切片的热水中添加2~3滴即可，并在饭后小口啜饮。

🍀 头痛

头痛是一种普遍症状，它预示着多种情况：脖子和肩膀的肌肉骨骼紧张、眼睛疲劳、身体的过敏反应、从咖啡因或其他物质中暂时的脱瘾症状、压力和忧虑，以及许多其他的病因。

你可以自己按摩脖子和肩膀，或者更好的方法是，由伴侣或朋友为你进行爱心按摩，这样可以在缓解头痛症状方面产生奇效。在空气新鲜的地方散步，深深吸气、呼气，能让你的血液流动通畅、思维放松，缓解某些头痛症状；对于另一些头痛，则需要安静地休息，放松一下。在冬天饮上一杯温热的草药茶，在夏天饮上一杯凉爽的草药冰茶，不仅能治病，而且令人惬意无比。

我们推荐的是一些使人放松、促进血液流动到头部、解决肝脏气血停滞，以及味清凉的草药。下列的草药可制成茶剂（泡剂或汤剂）、酊剂或胶囊服用。

● 花菱草、黄春菊、薰衣草和北美黄芩，都具有抗痉挛和使人放松的功效。每天饮用药茶2~3次，每次一杯为宜。

● 积雪草和迷迭香能促进血液循环。每天尝试饮用药茶2~3次，每次一杯为宜。

● 薰衣草油可全天用于芳香疗法中，还可用作乳霜，或用于沐浴。

● 如果肝脏是产生头痛的部分原因，用朝鲜蓟或牛蒡就能调节。这两种草药都可用来制作神清气爽的苦茶。

🍀 心血管疾病

你的心脏是一个"不知疲倦"的器官，它在你整个生命过程中持续搏动，因此你得不时地关心它的健康。你的心脏和血管共同工作，而总有一天，血管会变得僵硬和形成堵塞，这会增加你患上高血压和心脏病的风险。

首先，精制糖和脂肪含量少的简单纯天然膳食，会对你的心脏大有裨益。其次，许多富有爱意、积极的想法和行为，给你带来必然不止一点点的"身心愉悦"。最后，积极参与体育活动（轻快的散步、慢跑或其他有氧运动），并睡个好觉，必定会让你在这世上的寿命延长几年。

古往今来，草药师们都用益于心脏健康的草药，来保护和治愈心血管系统。下列的草药可制成茶剂（泡剂或汤剂）、酊剂或胶囊服用。

● 卡宴辣椒、红三叶草和迷迭香对促进血液循环有特别的效果，所以你可以经常在焗烤菜、酱汁或酏剂中使用它们。

● 最健康的补药之一——洋葱番茄辣酱，其中卡宴辣椒为主要原料。辣酱中的辣味和益于心脏的原料（辣椒、芫荽、大蒜、洋葱和西红柿），以及它给食物中增添的风味，不仅有助于消化，而且对促进食欲和血液循环，都是一个福音。

● 大蒜可经常用于膳食中，来促进心脏健康。

● 现代科学证实了山楂的传统用法：它是草药师所推荐的最重要的心血管保健药。

● 啤酒花能减轻炎症，促进身心放松。

🍀 胃灼热

胃灼热是由胃酸反流引起的胸骨后的灼热感，常常是压力和/或食用辛辣或刺激性的食物所产生的结果。这种令人不快的疾病，会因为慢性胃炎或胃部的炎症，而导致情况加重。这可能与常见的幽门螺杆菌所引起的感染有关。

简单的膳食，会对健康十分有益，特别是在你食用如糙米、藜麦、小米等全谷类食品的时候。米粥和大麦茶是治疗胃灼热的上佳之选，可以终年食用。此外，应避免油炸食品，或太油的食物，否则会延缓消化过程。而且，吃饭要细嚼慢咽。

下列的草药可制成茶剂（泡剂或汤剂）、酊剂或胶囊服用。

● 黄春菊、甘草和药蜀葵都具有舒缓的功效，可制成茶剂饮用，每次半杯，一天之内按需饮用。

● 芦荟也有帮助。你可以小口啜饮从市面上购买的芦荟汁，还可以自己挤出芦荟的汁液，加入少许芹菜或欧芹，来帮助对抗食道与喉咙泛酸的症状。

🍀 激素分泌失衡

你身体分泌的各种激素，如雌激素、孕酮、肾上腺皮质激素、肾上腺素、甲状腺激素等，是对于神经系统经由你的下丘脑所产生的输入和其他刺激物做出的应答。激素能够大大影响你的心情和行为，因为只需很少的量，它就能对组织和器官产生长时间的作用。由于各种激素之间形成了一个微妙的平衡，而且它们会互相影响，与你的神经系统发生作用，因此激素的调节是个复杂的过程。你的肝脏也同样包含在这个平衡之中，因为肝脏是分解激素的器官，它能在体内激素含量过高的时候发挥作用。肝脏正好也能产生少量的雌激素、睾丸素和其他激素。

均衡的膳食，其中如果含有适度的蛋白质，加上充足的睡眠、身体活动和积极的态度，会有助于良好的激素平衡。经常练习瑜伽会有所帮助，因为一些瑜伽动作就是为了刺激和平衡身体中特定的腺体。压力在我们的生活中是个复杂的问题，原因是少量的压力对你有激励作用，但是压力太大会对激素的分泌造成不良的影响。实际压力的大小无关紧要，重要的是我们如何应对。

下列的草药可制成茶剂（泡剂或汤剂）、酊剂或胶囊服用。

● 我们推荐红三叶草和西洋牡荆，这两种草药有助于平衡性激素。红三叶草对平衡人体雌激素有温和的功效，因为红三叶草中含有植物雌激素，例如木黄酮。有些激素与诸如情绪波动、饮食冲动、乳房触痛等经前综合征（简称PMS）的症状有关，西洋牡荆能在减少和平衡这些激素的同时，增加孕激素的水平。

● 啤酒花茶和薰衣草茶都有放松身心和缓解压力的效果，这有助于恢复激素系统的健康。你也可以试试女贞和红景天，因为这两种草药的效果都是众所周知的，它们能在有压力的时候给你帮助，特别有益于脑力劳动和身体活力。

● 甘草对你的肾上腺功能有所帮助。

🍀 高血压

高血压是一种潜在的严重慢性疾病，其定义为：持续心脏收缩的度数（收缩压）在140mmHg或以上，心脏舒张的度数（舒张压）为90mmHg或以上。这两个度数是成对出现的，用140/90mmHg来表示。高血压常常是一种由于身体较大范围出现问题所产生的症状，特别是慢性肥胖症、血管的损伤和硬化、慢性压力。高血压能极大地增加因中风、心脏病突发、心脏衰竭而导致的早逝概率。当你的血管出现慢性炎症，并最终出现脂肪、蛋白质、钙和瘢痕组织沉积物的硬化时，可能会引起高血压。

遵循益于心脏健康的治疗计划意味着：你要严格避开加糖的食品和饮料；食用低钠、高钾的膳食（指富含绿叶蔬菜）；适度食用动物产品如肉类、奶制品和鸡蛋；获得充足睡眠和足量运动；降低慢性压力带来的影响。所有这些习惯，都能极大地减少高血压的发病率和与之有关的风险。正如许多自然的草药治疗方案一样，日常和定期地使用草药，是获得最佳结果的必要因素，久而久之，会有更显著的效果。适应剂（有助于我们的身体应对压力）指的是一些用于治疗高血压的最重要的草药，它们有助于降低慢性压力带来的有害影响。滋养肝脏的草药也同样很关键，因为肝脏能调节血脂和炎性通路，是你身体的免疫反应的一部分。

下列的草药可制成茶剂（泡剂或汤剂）、酊剂或胶囊服用。

● 经常食用大蒜能适当降低血压。先把大蒜瓣捣碎，然后将其混入汤羹、辣椒、色拉酱调料和其他食物中。每日推荐用量为1~3瓣。

● 研究表明，经常食用山楂和甜叶菊，对于降低舒张压药效温和，但效果显著。

● 遵循一个固定的剂量持续食用啤酒花，有助于促进健康的炎症反应。

● 当姜黄添加到食物中，或制成汤剂或胶囊服用时，是一种"明星药"，经常服用能够调节炎性通路。

● 朝鲜蓟是一种味道清苦的肝胆促进剂，它能降低胆固醇水平。

● 蒲公英有助于维持健康的胆汁流与肝脏健康。苦味的蒲公英叶能加入沙拉、汤羹中，或煸炒食用。

🍀 肝脏疾病

你的肝脏有许多重要的功能，包括清热解毒、激素分泌与调节、消化功能及能量储存。草药师和其他天然保健医生常常认为，你的肝脏是你身体内部环境的一个重要的调节器。因此，肝脏失调与许多症状有关，例如，情绪波动、烦躁和愤怒；头痛；眼睛发红、发痒、干涩的症状；与生理周期有关的症状，如经前综合征等。

摄入低热量、定期排便、健康睡眠、运动及富含全谷类、豆类、蔬菜和水果的膳食，都能帮助你的肝脏"开足马力"运作。这个器官需要对各种各样的药物和环境中的化学物质（例如我们从塑料中吸收的多氯联二苯，简称PSB）进行代谢和解毒，所以食用有机食品、控制药物和酒精的使用量，能给你的肝脏一个喘息的机会。

下列的草药可制成茶剂（泡剂或汤剂）、酊剂或胶囊服用。

● 牛蒡和姜黄都是为人所熟知，有强力护肝功效的草药。你可以经常将它们用于烹饪当中。

● 朝鲜蓟和俄勒冈葡萄能激活胆汁流，使消化过程平稳进行。

● 女贞能滋润肝脏，保持肝脏健康，并给你的眼睛带来好处。

● 经常使用芦荟、牛蒡或红三叶草，它们能促进肝脏解毒。

♣ 早老性疾病

记忆和回忆与你的心血管健康有密切联系，部分原因是你的大脑运作需要能量和氧气的不断供应。当微小血管哪怕是稍稍变窄、变硬或堵塞，最终都会导致心智能力的下降。智力下降或痴呆，可能是身体衰老的最早、也是最惊人的征兆之一。

良好的营养、积极的锻炼、药物和酒精的适度使用，会有助于保持你的血流通畅、保护你的心脏和血管、增强你的记忆力和智力。你可以通过学习新事物，来使用你的大脑，甚至可以每几年进修一门课程，保持大脑的年轻活力。

下列的草药可制成茶剂（泡剂或汤剂）、酊剂或胶囊服用。

● 经常使用卡宴辣椒、大蒜、山楂、红三叶草和迷迭香，有助于刺激血液循环、保护心血管系统。

● 积雪草、山楂、红三叶草和迷迭香对于促进血液循环有特别的功效。

● 红景天和积雪草有助于增强记忆力和认知能力。

♣ 男女更年期综合征

女性（男性）的更年期通常在五十岁左右的时候出现（虽说在男性中，该过程有时会来得晚些）。这个时候，我们的生活重心从繁衍下一代，转移到了生活的其他方面。如果我们好好照顾自己，我们在下一个30年或更久的时间内，仍然可以享受到健康与活力。而这些时间足以用来开展一个新事业、做志愿工作、休闲、旅游、教育、与旧友恢复联系和结识新朋友。在这段时间，你也会感受到留恋、怀旧、自豪或睿智，这些感觉会留在你的记忆中。

更年期和它给我们的身体、心灵带来的改变，对一些人来说可能是艰难的过程。你除了感受到身体逐渐变老，还可能会伴有如疲劳、潮热、性冲动、抑郁、体重增加等。此外，还需注意一些慢性炎症，因为它们是多种疾病，如关节炎、心脏病和糖尿病的起因。

每日进行舒展、步行、跑步等锻炼，以及食用简单的天然健康食品，有助于维持你的好心情，给你带来身体健康。你也可以每日服用含有天然健康食品精华或其他经过充分研究的材料，如维生素D和Ω—3脂肪酸（包括DHA和EPA），以及抗炎草药精华，如齿叶乳香、啤酒花和姜黄的复合维生素补充剂，这有助于减轻慢性炎症。控制你的体重也很重要：这样你会感觉良好，并能延长寿命；因为脂肪细胞产生的一些炎症激素，能引起许多慢性疾病。

积极的态度和良好的幽默感，会给你带来神奇的效果。压力是会不断累积的，所以你一定要沿用那些你可以做到的方法，如冥想、按摩、心理疏导、服务工作、精神肯定、互助小组和任何一种治愈性关怀。你还可以培养友谊和自己的圈子：任何时候多交些朋友都为时不晚，因为你花更多的时间来予人"玫瑰"，对方也同样会回馈给你友情和爱意。

更年期和有时候会随之出现的症状，可以通过天然治疗药物（包括草药），来得到有效治疗乃至缓解。下列的草药可制成茶剂（泡剂或汤剂）、酊剂或胶囊服用。

● 治疗压力的草药（适应剂）能在较长的时间内经常使用，特别是当你觉得它们很有帮助的时候。这些草药包括：南非醉茄、牛蒡、积雪草、女贞、荨麻、红景天和圣罗勒。

● 花菱草、黄春菊、山楂、啤酒花、薰衣草、柠檬香蜂草和缬草等草药，可用于放松身心，让你睡个好觉。

● 红三叶草、啤酒花和茴香中，有一种叫作异黄酮（如木黄酮）的植物雌激素（类雌激素化合物）。能平衡激素的草药，主要包括那些含有异黄酮的草药（异黄酮同样存在于大豆提取物中）。有一种草药能促进孕酮，也能调节其他性激素（如黄体化激素），它是一种人所熟知，并得到广泛推荐的"女性草药"——西洋牡荆。

●用于平衡你的情绪的草药包括：圣约翰草和薰衣草。

●用于帮助血液流通、减轻盆腔疼痛的草药包括：欧白芷、姜和姜黄。

♣ 情绪波动

你的情绪完全由你身体的整体健康状况、身处的环境和你对生活的态度所决定。纵观整个传统医学史，在许多不同的文化中，强烈的情感（抑郁、焦虑、愤怒和恐惧）一直都与身体的内部器官有着密切的联系。这些相互之间的联系包括：

- 消化系统和免疫系统：忧虑和过度的脑力劳动
- 心脏（神经和心血管系统）：喜悦和狂热
- 肾脏：恐惧
- 肝脏：烦躁和愤怒
- 肺：悲伤

为获得健康的情绪和幸福感，你的方案中可以包括：有规律的睡眠时间、与家人朋友保持良好的关系、冥想和/或精神修行、尽可能多做运动，尝试园艺工作、跳舞、骑单车，且在其他更耗费体力的运动难以完成，甚至没有机会接触到的时候，可以经常步行等。健康的习惯，如良好的营养、避开精制糖和过量咖啡因，会带来极大的不同。尽管如此，在我们如今忙乱的生活中，一些心理和情绪的波动仍然是与生俱来的，而基因遗传也起到了作用。然而，这些影响并非是一成不变的，可以通过我们对其充分认识和自我修行，来减少影响。

许多草药和其他膳食补充剂，能帮助我们维持一个平衡和稳定的健康情绪。每日服用一粒B族维生素胶囊可保证身体所需，天然复合维生素中的矿物质混合物也大有裨益，特别是当你的膳食和营养不够全面的时候。

草药师常常建议要关注你的肝脏健康和平衡，因为肝脏被认为是与你的情绪联系密切的主要器官。在你经常感到烦躁不安或愤怒，并伴有抑郁或焦虑的时候尤其如此。下列的草药可制成茶剂（泡剂或汤剂）、酊剂或胶囊服用。

- 你可以尝试的益肝草药有：朝鲜蓟叶、牛蒡、蒲公英、俄勒冈葡萄、姜黄、苦艾和皱叶酸模。除了苦艾，其他草药都可经常随意使用，以帮助维持健康的胆汁流及肝脏平衡。
- 用于维持情绪平衡的草药包括：花菱草、黄春菊、积雪草、啤酒花、薰衣草、柠檬香蜂草、女贞、红景天、圣约翰草、缬草和西洋牡荆。

♣ 黏液阻塞

我们在整个白天和夜间，都可能呼吸到病原体、灰尘及其他的悬浮颗粒。人体对这些病原体、灰尘及悬浮颗粒有天然的抵抗机制，而黏液（或痰）就是我们身体防御机制的一个重要组成部分。当你患有上呼吸道感染，你的身体试着排出病毒病原体时，会产生大量的黏液。

在轻度到重度的呼吸道过敏性疾病中，鼻窦也能分泌黏液。当黏液进入你的喉咙，可能会变得非常黏稠、持久，你需要频繁清嗓和咳嗽，才能将浓稠的黏液咳出。

家庭医生大力推荐：每日使用装有温的生理盐水的耳注射器或洗鼻壶，来冲洗你的鼻窦，从而消除引起过敏反应的黏液分泌物和过敏原。经常使用能消除黏液、缓解阻塞的草药和能调节免疫反应、减轻炎症的草药，会极其有效地降低令人不快的黏液分秘物堵塞鼻孔的急性或慢性症状。

下列的草药可制成茶剂（泡剂或汤剂）、酊剂或胶囊服用。

● 每日饮用两次欧白芷茶，能帮助平息过度活跃的免疫反应。

● 卡宴辣椒很辣，但是它绝对可以迅速停止黏液分泌。将1/4茶匙的卡宴辣椒混入一小碗温柠檬水中，全天饮用，来大大加快黏液的咳出及清除。

● 全天经常使用接骨木、白毛茛和夏枯草，能缓解过敏反应。

● 毛蕊花、胡椒薄荷和迷迭香能有效缓解堵塞症状。

● 百里香和洋蓟菜是两种有效抗菌、抗病毒草药，有助于你的身体对抗呼吸道感染。

● 姜黄能有效减轻炎症，它常常用于烹饪中（它是咖喱的主要原料），或制成胶囊或酊剂服用。

♣ 肌肉拉伤与扭伤

拉伤和扭伤会出现在我们每个人身上，不过，对于每天伸展运动少于15分钟（最好达到30分钟），很少做负重练习和/或每日健步走来保持身体肌肉、肌腱和韧带强健的人来说，拉伤和扭伤就更有可能会发生。每天一屁股坐在安乐椅上看电视里的美国新闻，一坐就是6小时，然后去健身房"踢踢腿"，或试着练习以前在瑜伽课上学过的动作，这是很典型的会受到伤害的习惯。

你能做的最好的事情，就是每天做伸展运动、瑜伽练习、步行、跳舞、园艺劳动或其他任何包含身体运动和舒展的体育活动——确保你在剧烈运动之前，先热个身吧！我们的身体生来就是要运动的，而且多多益善（当然不是要你强迫自己）。你还可以尝试做个水疗（温水和冷水交替作用于你的身体），来预防拉伤和扭伤。水疗法是一种保持你的肌肉和关节血流通畅的古老而传统的方法。我们建议你在热水淋浴后，再用凉水冲一冲：只要抬抬手，关小热水，随后，你就能置身于一个凉爽世界中。这种清新的感觉美妙无比！冷水还能够关闭你的毛孔、改善肌肤健康。渐渐地完全用冷水冲凉吧！虽然你会感到全身刺痛，特别是当你生活在北方的时候，但它能让你的循环系统额外获益。

下列的草药可制成茶剂（泡剂或汤剂）、酊剂或胶囊服用。用于改善血液循环、促进愈合的草药，当其用于敷药包或添加到浴水中，也有同样好的效果。

● 单独或混合使用姜和迷迭香的浓茶，将其用于敷药包中，或添加到浴水中，能加速愈合，并能迅速缓解身体僵硬、肌肉酸痛。

● 每次口服姜黄几周的时间，你会发现它是一味能减轻炎症和疼痛的草药。

🍀 恶心

恶心的症状可能由许多原因引起：某些疾病、吃变质的食物、过度饱食、肠气的不断积累、晨吐（常见于妊娠早期）、晕动病（产生原因如坐在汽车后座，或坐在一艘船上，而汽车颠簸或海面波涛汹涌），甚至有压力和高度情绪化的情况也会引起恶心。众所周知，恶心是一种令人不快的感觉，也确实引起了我们的关注。如果你持续超过一两天都感到恶心，请咨询你的家庭医生或保健医生。

与过度饱食、进餐过快或糟糕的食物搭配有关的恶心症状，通过按压或按揉你的腹部，有时可以得到迅速缓解；用热的姜敷药包敷在你的腹部，往往会起作用；按摩穴位也同样有效（一个穴位在你的拇指和食指间的虎口处，另一个在你的手腕上。你可以购买刺激穴位的保健手环，来预防晕动病）。

幸运的是，有些草药已经被证实，能真正有助于快速缓解恶心症状。下列的草药可制成茶剂（泡剂或汤剂）、酊剂或胶囊服用。

● 对于伴有肠胃感冒或其他感染的恶心症状，可全天啜饮紫锥菊茶。

● 姜是用于减轻恶心症状的最可靠的草药，它得到了草药师的大力推荐。在你服用姜之后的15~30分钟，如果没有感觉症状减轻，可以增加使用的频率或剂量。

● 有助于平静你的心绪、缓解消化系统压力的草药包括：黄春菊（每1~2小时饮用一杯浓茶）、茴香或胡椒薄荷（制成茶剂、片剂或糖果，特别是在症状因肠气积累而产生的时候）、薰衣草（用于茶剂、芳香治疗或沐浴）和苦艾。

🍀 神经痛

慢性神经痛可能与许多慢性疾病，如糖尿病、疱疹、慢性疲劳综合征和纤维肌痛有密切关系。如果你进行了并不习惯的过于剧烈的体育运动（如在你准备不充分时，去跑马拉松），或者在身体受感染（如重流感）的情况下参加运动，之后就可能会出现损伤。急性神经痛往往也会随之产生，有时还会伴有咖啡因脱瘾症的症状。

怎么办？按摩、温和的伸展运动和水疗法。每日多次尝试在温水/热水中沐浴或淋浴，随后用凉水/冷水再次冲洗。在热水与冷水中洗浴的时间（分钟）比例为4∶1。你也可以采用桑拿浴，或使用敷药包在局部贴敷。

哪些草药有用？除非下文另有说明，下列的草药可制成茶剂（泡剂或汤剂）、酊剂或胶囊服用。

● 近2000年来，不论是内服还是外用，圣约翰草一直是有助于缓解神经痛，并得到广泛推荐的草药之一。圣约翰草油可大量涂抹于患处，每日至少2~3次。圣约翰草制成的酊剂、胶囊或药片，每日服用2~3次。

● 另一些草药若经常使用，也有助于缓解神经痛，它们是姜、迷迭香和姜黄等抗炎草药。这些草药不论用于敷药包，还是洗浴中，都有很好的效果。

♧ 紧张不安

当今社会（而且可能从石器时代开始），每个人都（或许经常）会感到紧张、烦躁、不安和焦虑。这些感觉是出于对危险的自然反应，不论这种危险只是感知到的危险，还是实际上的危险。当我们粗枝大叶或无所反应时，这些感觉让我们对潜在的伤害有所警觉。当我们被一只危险的野兽追赶的时候，出现紧张、烦躁甚至焦虑感是应该的。但是当我们坐在一个小小的"金属盒"里，在高速公路上以每小时70英里（约112千米）的速度疾驰，这时不断有许多其他更大的"盒子"，向我们迎面驶来，但这又如何呢？在高速路上驾驶或许只是例行程序，但我们身体的神经系统，即"是战斗还是逃跑"的机能反应，都在每一次会车的时候，极大程度地被紧张情绪唤醒。

除了有形的危险，还有无形的危险。在白天，甚至是在夜晚（如果你是住在大城市的公寓楼里），周围的噪声、不间断的电脑刺激、轰炸式的电子邮件、让你心跳加速的电影、刺激性饮料，以及与他人的冲突、紧张或不良的人际关系，都会使我们的神经和内分泌系统经常处在警戒状态。

花时间集中精力好好冷静一下，真的会有帮助！你通常需要让自己从过度刺激的环境中抽身而退，正如你会在睡前，给孩子读一则平和、温馨的故事来哄他睡觉一样。花时间自己一个人待会儿，留意是哪些信号给了你过多的刺激。你可以试着经常去散散步，让自己平静下来。散步的时候放空你的大脑，好好享受，别的什么都不用去想。

你能在其他的心理自助丛书中，找到许多健康小贴士。听一听平静的海面上浪花拍打的声音，或令人放松的音乐，都可能会从中获得极大的能量。减压互助小组，不仅到处都有，而且很有意义。瑜伽、太极、舞蹈、修行，或加入慢跑俱乐部、赏鸟小组、原生植物协会、冥想小组，全部都是供你疗伤的"圣地"。

许多草药都能缓解压力、安抚你的神经系统。这些草药还能产生一种内心的平和感，并让你美美地睡上一觉！下列的草药可制成茶剂（泡剂或汤剂）、酊剂或胶囊服用。

● 花菱草中含有非麻醉性生物碱，有助于促进心境平和，给你良好的睡眠。

● 猫薄荷、黄春菊、柠檬香蜂草、柠檬马鞭草和北美黄芩，都是药效温和的草药，能平静心绪，对儿童也很安全，且它们都可用于洗浴。

● 积雪草是一种对神经系统极其有益的补药。

● 山楂是一种对心脏和消化系统大有裨益的草药，它具有温和的舒缓效果，特别是你经常使用它的时候。

● 啤酒花能促进心境的平和，给你良好的睡眠。不含酒精的"啤酒花"啤酒，例如克莱斯勒无醇啤酒中就含有大量的该草药。

● 薰衣草被广泛用于吸入剂和洗浴中，来营造一种舒缓的感觉。

● 红景天是一种极好的适应剂，以及神经和大脑的补药。

● 圣约翰草常常被推荐用于帮助预防和减轻抑郁、焦虑的症状，特别是当你经常多次使用它的时候。请注意药物相互作用的警告。

● 缬草或许是得到最广泛推荐的用于平静心绪、促进睡眠的草药。新鲜收获的根和茎，和干燥的草药相比，有更强、更舒缓的活性。

🍀 一般性疼痛

疼痛是身体给我们敲响的警钟。如果你大部分时间都坐在电脑或电视前，会引起腰痛。此外，损伤和意外事故也会引起疼痛；身体内部的慢性疾病，比如心脏病、糖尿病和癌症，同样会发出疼痛的信号。根据传统的治疗体系，比如中医学的说法，疼痛是由于血液和生命能量的停滞引起的。如果我们对轻微的疼痛置之不理，它最终可能会变得更糟。

中医学所推荐治疗疼痛的方法是"促使气血流通"。按照西方的说法，这意味着要将更多的治愈性营养成分和有益的免疫细胞带到疼痛部位，通过刺激神经来减弱疼痛的信号。你常常可以通过按摩、针灸、拉伸、锻炼和使用草药，来达到效果。

下列的草药可制成茶剂（泡剂或汤剂）、酊剂或胶囊服用。

● 姜或许是最好的一种让你气血流通的草药。为获得姜的温和效果，你可以泡一杯浓姜茶，用于敷药包和沐浴中；你也可以将姜和迷迭香混合，以获得额外效果。

● 罂粟（Papaver somnifera）是最具镇痛效果的草药，甚至可以说，没有任何一种人造药物的效力，能比得上这种古老、自然生长出的植物。尽管罂粟的使用有很长的历史，但在美国和世界其他地方，种植罂粟花是违法的。不过，你还可以使用另外一种罂粟科草药——花菱草，来逐渐减轻疼痛，特别是由痉挛产生的疼痛。

● 对于损伤引起的疼痛，可涂抹卡宴辣椒乳霜，同时使用其他草药精油，特别是樟脑、丁香、迷迭香和鹿蹄草（注意：鹿蹄草不可内服）。

● 圣约翰草油每日可多次随意使用。它是一种对神经痛和其他损伤有极佳疗效的草药。

● 对于任何一种疼痛，你可以在几天到几周内，使用姜黄和/或姜，来逐渐减轻炎症。

🍀 经前期综合征

经前期综合征的症状包括抑郁、烦躁、饮食冲动、水肿、乳房触痛、粉刺和便秘。这些症状可能会在妇女经期开始之前出现。在月经期间，由于身体内的雌性激素、孕酮和其他激素的水平出现急剧变化，一些妇女会经历痉挛和上述提到的部分症状。

当经前期综合征的症状"找上门"的时候，好好照顾自己。多休息，你甚至能更宠爱自己一点，如果可以，洗个热的草药浴、用热敷药包贴敷，或让伴侣或朋友为你进行爱心按摩（使用草药油来完成，比如圣约翰草油）都是不错的选择。服用复合维生素和其他营养补充剂，来补充身体所需的镁、钙和脂肪酸。在你的膳食中，额外添加深色绿叶蔬菜和精益蛋白质（其中富含镁和B族维生素），例如鱼肉，来帮助减轻痉挛和情绪波动的症状。

草药师常常推荐的是能调节激素和"调理血液"的草药（那些促进血液循环和强化血液的草药），而且他们也常把经前期综合征与肝脏充血联系起来。适应原草药、安神草药、镇痛草药及帮助睡眠的草药，都有助于缓解经前期综合征的症状。下列的草药可制成茶剂（泡剂或汤剂）、酊剂或胶囊服用。

● 有助于肝功能的草药包括：朝鲜蓟和牛蒡。

● 用于减轻痉挛症状的草药包括：花菱草、黄春菊、薰衣草、缬草、西洋牡荆和洋蓍草。

● 我们推荐你使用南非醉茄、积雪草、红景天和圣罗勒，作为适应剂，来帮你平衡体内激素、获得能量和调节心情。

● 圣约翰草油能帮助你对抗焦虑和抑郁；缬草是有助于睡眠的最佳草药之一。

● 西洋牡荆已经享誉好几个世纪，是一种重要的调节女性激素的草药，也广泛用于缓解经前期综合征的症状。

🍀 皮肤病

皮疹、粉刺、疖疮、睑腺炎、牛皮癣和湿疹，都是难以诊断的皮肤病，它们可能出现在你身体的任何部位。保持你身体排泄通道的通畅，能让你的肝脏分泌充足的胆汁，也能让你的肠道有效清除尿液和体内废物，这对美丽、干净的皮肤而言是至关重要的。

皮疹和湿疹是两种看得见的外在反应，由身体的过敏反应所引起。对于像大豆、小麦、奶制品和鸡蛋等食物过敏，是很普遍的现象。此外，我们还会对环境中的化学物质做出反应，其中有许多化学物质——如杀虫剂、除草剂、身体护理和清洁产品中的成分，这都是眼睛看不见的。对你的免疫系统而言，它们是完全陌生的物质，因此免疫系统试着让你的身体摆脱它们，这可能会产生一种强烈的炎症反应，并最终呈现在你的皮肤上。

粉刺和疖疮，是出现在你皮肤内部的感染。追其根源，有时是因皮肤或肠道失调和排泄系统受损而引起。

购买和种植有机食品，以及使用天然的身体护理产品、洗衣皂和餐具洗涤剂，对维持良好的皮肤健康极为重要。当你选择沐浴香皂的时候，一定要小心使用。天然脂肪酸有助于保持皮肤生态系统平衡，而肥皂可能会把天然脂肪酸洗掉。信不信由你，许多细菌住在你的皮肤里面，而不是皮肤表面。因此，使用益生素补充剂会有帮助。你的皮肤微生物群落失衡，与肠道微生物群落的强烈失衡密切相关。遵循健康、简单、富含新鲜果蔬的饮食，对于良好的皮肤健康是关键的一步。每日摄入"益生元"，即富含可溶性纤维的食物，如豆类或燕麦，能促进整体上良好的皮肤健康。我们推荐你坚持记录一张"纤维报告卡"，因为你身体的短期和长期的健康，取决于你每日摄入的高纤维量。

要避免皮肤疾病和维持较高的皮肤健康水平，良好的消化必不可少。在"消化问题"和"肝脏健康"这两部分提到的大部分草药，都是由草药师推荐，可用于缓解和避免如皮疹、粉刺、疖疮及其他皮肤炎症的草药。下列的草药可制成茶剂（泡剂或汤剂）、酊剂或胶囊服用。

● 用于刺激胆汁分泌、促进肝脏解毒的草药包括：芦荟、朝鲜蓟、牛蒡、俄勒冈葡萄、红三叶草和姜黄。

● 用于减轻你的免疫反应，且能让你的皮肤直接受益的草药包括：欧白芷、接骨木、金银花、荨麻和红三叶草。

🍀 睡眠问题

充足酣畅的睡眠对你的整体健康有多重要呢？在2009年，卡内基·梅隆大学对此做出的一项研究调查备受关注。该研究显示，在研究之前的两周内，每晚睡眠时间少于7小时，且暴露在感冒病毒的环境中的参与者，和那些每晚睡眠时间超过8小时的参与者相比，他们患感冒的可能性要高出三倍。梅奥诊所的研究人员也发现，睡眠时间少于推荐的8小时的人们，流感疫苗的保护性较差。

让人吃惊的是，尽管我们可能了解睡眠的重要性，但我们仍然很少会给自己充足的睡眠。美国国家睡眠基金会报道称，美国人平均睡眠时间是每晚六七个小时，且整体呈下降趋势。除了睡眠时间的下降，值得注意的是，我们的睡眠质量同样没有提高。如今，噪声和光污染影响了我们中的许多人，甚至在晚上也有影响。药制品、消遣性药物和酒精的使用，也极大地减少了β波睡眠（深度睡眠）和快速眼动睡眠（做梦）。如果你想从睡眠中得到治愈和恢复健康的效果，这两种睡眠至关重要。

如果你需要对付噪声和光污染，可以戴耳塞、拉上百叶窗或窗帘，做做伸展运动、放松身心、暂停工作。在白天的早些时候，参加一些耗费体力的锻炼或体力劳动，能在许多方面让我们获益，包括提高我们的睡眠质量。在晚餐时间避开不易消化的食物和刺激性饮料，饮用一杯有助于我们身心放松，而且不太可能对我们的睡眠质量产生很大影响的酒。但重度饮酒和服用消遣性药物，特别是在晚上很晚的时候酗酒或服药，却可能会极大地影响睡眠。睡前散散步，放松一下，有助于你安静下来，平复心绪。

使用草药来促进健康睡眠，已经有悠久的历史了。下列的草药可制成茶剂（泡剂或汤剂）、酊剂或胶囊服用。

● 没有任何草药能够像缬草一样，对帮助睡眠有显著的效果。在2011年，来自德黑兰大学的研究人员进行了一项设计巧妙的研究，在事先不知情的情况下，100名绝经后的、患有失眠症的妇女参与其中。研究人员发现，使用缬草的实验组中，记录显示30%的妇女睡眠质量提高了，包括更快入睡、夜间醒来的次数减少等；而使用安慰剂的实验组中，记录显示只有4%的妇女睡眠得到改善。

● 由草药师推荐的，其他能改善睡眠的草药包括：花菱草、黄春菊、啤酒花和薰衣草。

● 如果你正帮助你年幼的孩子们放松和入眠，可以试试一些药效温和的草药，如花菱草、猫薄荷和柠檬香蜂草。

喉咙痛

喉咙真正痛起来可不是开玩笑的！你有没有过喉咙痛得特别厉害的时候，就连吞咽这个简单动作，你也要鼓起勇气来完成？喉咙痛的症状，有时候出现在呼吸道感染，如感冒或流感的初期阶段，而且常常在几天后，严重程度会逐渐降低。

使用淡盐水漱口，对消肿止痛有很大帮助。一天中可经常漱口，频率可达每30～60分钟一次。如果你居住的地方空气干燥，可在房间里放一台加湿器，或许你还可以在水中添加一种安神的精油，如薰衣草精油。根据你的个人喜好，饮用温水或凉水，来保证身体中水分充足，特别是在你发烧的时候。

　　具有舒缓和治愈功效的天然植物精华，不仅能止痛，还能附带给你其他益处。下列的草药可制成茶剂（泡剂或汤剂）、酊剂或胶囊服用。

● 花园鼠尾草是治疗喉咙痛的顶级草药。我们常去花园摘下几片嫩叶放进嘴里咀嚼，并咽下汁液。全天饮用鼠尾草茶也同样有效。

● 可预防细菌生长和减轻喉咙痛的草药有：茴藿香、黄春菊、薰衣草、红三叶草、迷迭香、圣约翰草和百里香。这些草药要经常使用。

● 含有大量黏液，或有抗炎效果的舒缓草药包括：聚合草、甘草和药蜀葵。这些草药可用于润喉及镇痛。

🍀 缓解压力

　　我们中的许多人都倾向于认为，压力会影响我们的免疫反应。在1993年年初，卡内基·梅隆大学做的一份研究就证明了这一点。在394名健康的参与者中，那些处在最大压力下的人，当暴露在病毒环境中时，始终会出现更多的感冒症状。当今社会，存在各种各样的压力：恼人的声音或噪声、环境污染、情感和人际交往的冲突、担心工作或世界现状、来自媒体的过度刺激和越来越多的责任。然而，实际压力的大小无关紧要，重要的是我们如何应对和解决压力。

　　你能不受压力的影响吗？还是你会把压力藏在心里，让它成为你个人的事情？选择权在你自己手上，但是要想解决这个"人生课题"，你需要保持健康的生活习惯，如冥想、瑜伽或其他训练，以及经常锻炼等。睡眠，加上锻炼，是抵抗压力负面影响的重要"盾牌"。可讽刺的是，你的睡眠往往会受到压力的负面影响，这可能会导致一个由压力引起睡眠质量差的恶性循环。而且，如果我们不能养成积极的习惯，想出好的方法，来减轻和释放压力，我们往往会求助于药物和酒精，而这会将它们自身的危害带入我们的生活中。

　　今天，许多的家庭医生，推荐了一些缓解压力负面影响的方法，我们给你的建议正是仿效了他们的方法。这些曾经被认为是"另类疗法"，现在却变得家喻户晓，这个事实恰巧证明了它们的有效性，可以采用的方法有：每日瑜伽、冥想或灵修、锻炼、按摩，或其他的整体治疗，以及积极幻想。宠物、专业辅导、互助小组、与家人好朋友之间的和谐关系，会进一步减轻压力对你的影响。

一些用于减轻压力的有害影响、调节和规范全身系统，特别是激素、神经和免疫系统的草药，被称为适应剂。许多适应剂得到确认和研究，而且整本书写的都是它们的益处。下列的草药可制成茶剂（泡剂或汤剂）、酊剂或胶囊服用。

● 站在科学的角度，研究得最透彻的适应剂，包括：刺五加或西伯利亚人参、红景天、圣罗勒、灵芝和西洋参。

● 女贞是一种特别的适应剂，有助于恢复你整个身体系统的平衡。

● 对于你的免疫系统而言，黄芪是和适应剂一样的强化补药。

● 南非醉茄有助于对抗压力，促进身体放松。

● 牛蒡和荨麻是强化补药，有助于消除身体废物的堆积。这些体内废物是由处在压力下的系统产生的。

● 积雪草能使人思维清晰。当经常使用时，它被认为是一种大脑和神经系统的补药。

● 压力很大时，心脏和心血管系统会有很大的负担。山楂是一种对心脏和心血管系统有益的药物。

● 红景天有助于保持身体平衡，促进身体活力，特别是对于神经系统和智力大有裨益。

溃疡

溃疡是身体黏膜上炎性、疼痛的伤口，它扰乱了身体组织的正常功能。溃疡可能出现在你的皮肤表面，由传染病、癌症、烧伤或损伤所引起。当你听到"溃疡"这个词，你可能会想到胃溃疡，这是一种在胃部或相邻的十二指肠（小肠的上部）里面的黏膜受到侵蚀的情况。近年来，胃溃疡一直与幽门螺杆菌的过度繁殖有关。幽门螺杆菌存在于很大比例的人群的胃里，但溃疡只出现在某些带有该细菌的人身上。抗溃疡的药物通常在药店柜台就能够买到，而且多年来都是最热销的产品——证明了这种疾病是普遍发生的。

有些人的胃受到长期的折磨，它必须忍受任何吃进嘴里的食物——意大利辣香肠比萨、烧烤排骨、炸洋葱圈、可乐饮料（带有腐蚀胃部和牙齿的酸性物质）。位于蒙特利尔的麦吉尔大学牙医学院，2010年的一项研究发现，一些软饮料的pH值为5.5，这是强酸性的。在参与者使用不同的软饮料漱口之后，对他们的牙齿表面进行扫描电镜分析，清楚地显示出牙釉质受到侵蚀。

为了预防胃溃疡，你可以吃富含纤维的饮食，这包括许多蔬菜、水果、全谷类和豆类。严格避开任何一种软饮料，替代以混合少许无糖果汁或苏打水，虽然它们有较高的pH值，但是它们让你的牙齿和黏膜受到侵蚀的可能性很低。

压力与溃疡的形成有相当密切的联系。

用于预防和减轻胃溃疡症状的草药包括：富含黏液的舒缓草药、减轻炎症的草药、含有黄连素（可抑制幽门螺杆菌的滋生）成分的抗菌草药和抗压草药（被称为适应剂）。下列的草药可制成茶剂（泡剂或汤剂）、酊剂或胶囊服用。

● 当症状突然暴发时，芦荟、聚合草和药蜀葵可以在一天中经常使用。为达到预防效果，每日2次，每次1杯。与抗炎草药，如甘草或圣约翰草配合使用，会有良好的效果。

● 抗炎草药包括：黄春菊、甘草和洋蓍草。特别值得一提的是，另外三种草药：积雪草、俄勒冈葡萄和圣约翰草。它们是能减轻胃肠道炎症、降低幽门螺杆菌的水平，促进愈合的传统草药。可以的话，把积雪草制成新鲜果汁饮用。在种植季节结束时，剩余的草药你可以冷藏储存。如果仅可获得胶囊或提取物，你依然可以服用它们，效果也很不错！圣约翰草是以草药油的形式在欧洲使用的。你每次可服用1茶匙圣约翰草油，每天1~2次，也可使用其茶剂和胶囊。

● 抗菌草药如芦荟凝胶和俄勒冈葡萄，能被添加到以上推荐的其他草药制成的茶剂中，或以胶囊的形式服用。

● 治疗由压力引起的溃疡时，抗压草药或适应原草药，如积雪草、女贞、红景天和圣罗勒，对溃疡是有帮助的。

尿路感染和尿频

尿路感染是十分常见的现象，尤其是在女性当中。一份来自密歇根大学公共卫生学院在2002年做出的研究回顾中，根据作者的记录，同年有近七百万人因尿路感染去拜访医生，一百万人因此进了急诊室。调查人员强调，这些数据很可能比实际情况要低出许多，因为在美国，医生不需要将尿路感染的情况上报。将近三分之一的女性在24岁的时候，至少接受过一次尿路感染所需的抗生素治疗，有近半数的女性在她们一生中的某个时候，会出现尿路感染的情况。

尿路感染的症状包括：排尿时出现烧灼和疼痛感，尿频、尿急，甚至到了晚上会影响你睡眠的质量。多达80%的尿路感染，被认为是由常见的肠道细菌——大肠杆菌所引起，这就解释了为什么女性比男性更可能出现尿路感染，原因是：女性会阴部（肛门与阴唇的开口之间的短距离）常常聚集有大肠杆菌，它们很容易转移到短尿道口，然后进入膀胱。美国弗罗里达大学在2012年做出的一项研究显示，在经历过第一次尿路感染的年轻女大学生中，饮酒和饮用咖啡、近期的性行为、伴侣的数量，都是与之密切相关的因素。

你可以每日饮用无糖的蔓越莓果汁两次，以帮助防止细菌附着在膀胱壁上造成感染。对食物摄入与尿路感染发病率之间关系，有过一系列的研究，2004年对于这些研究的回顾显示，饮食中富含浆果、果汁和发酵乳制品，如酸牛乳酒开菲尔或酸奶，有助于降低女性中感染的发生率、减少复发。根据印度的巴卡图拉大学在2011年所做的研究调查，含有乳酸菌微生物的益生素产品，通过帮助维持肠道和阴道部位微生物群落的健康，能有效预防尿路感染、减缓尿路感染的症状，并减少其复发。研究人员指出，每日维持阴道部位的弱酸性环境，有助于阻止大肠杆菌的集聚和减少感染。如果你易于受到尿路感染，每月使用益生素冲洗一次，或在活动性感染期间每日一次，有助于维持这种弱酸性环境。

为了降低尿路感染的发病率，草药师推荐使用的草药配方已有至少400年的历史。下列有用的草药可制成茶剂（泡剂或汤剂）、酊剂或胶囊服用。

● 穿心莲、紫锥菊、大蒜、百里香、圣罗勒和洋蓟菜，是免疫推动剂，有助于你的身体对抗和预防感染。

● 用于冲洗和帮助清洁尿道的草药利尿剂：蒲公英、啤酒花、黑种草、荨麻和洋蓍草。

● 抗菌草药：大蒜、啤酒花、薰衣草、黑种草、牛至、俄勒冈葡萄、迷迭香、鼠尾草、百里香、洋蓍草和柠檬马鞭草。

● 抗炎草药：芦荟凝胶、黄春菊、积雪草、柠檬香蜂草、甘草、药蜀葵、俄勒冈葡萄、圣约翰草、姜黄和洋蓍草。

● 富含黏液的舒缓草药：聚合草、药蜀葵、毛蕊花、荨麻和车前草。

草药制剂总结 ▶▶▶

芦荟（Aloe vera）

主要用途： 治疗皮外伤（外用）

用法用量： 按需涂抹于皮肤上（外用）；每日饮用芦荟汁2~3次，每次4~6盎司（约113~170克，内服）

孕期使用安全性： 向专家或有经验的草药师咨询后使用

其他用途： 干茶、糖浆、乳霜、乳液和药膏

穿心莲（Andrographis paniculata）

主要用途： 预防及缩短感冒、流感和感染的持续时间

用法用量： 每日服用3次胶囊或药片，每次1~2粒

孕期使用安全性： 谨慎使用

其他用途： 泡剂、干茶、糖浆、酊剂

欧白芷（Angelica archangelica）

主要用途： 助消化，促进血液循环，用作苦味补药

用法用量： 饭前摄入1滴酊剂

孕期使用安全性： 不推荐

其他用途： 汤剂、干茶、糖浆、酊剂

茴藿香（Agastache foeniculum）

主要用途： 助消化，缓解感冒和流感

用法用量： 每日饮用2~3次泡剂，每次1杯

孕期使用安全性： 谨慎使用

其他用途： 泡剂、浴茶、糖浆、酊剂

朝鲜蓟（Cynara scolymus）

主要用途： 借助其苦味作用有助消化，平衡胆固醇

用法用量： 每次摄入1~2滴酊剂或2粒胶囊或药片，每日2~3次

孕期使用安全性： 谨慎使用

其他用途： 泡剂、干茶、糖浆、酊剂

南非醉茄（Withania somnifera）

主要用途：平衡整个身体系统，增加能量，缓解关节炎，减轻焦虑

用法用量：每次服用1杯汤剂或2~3粒胶囊或药片，每日2次

孕期使用安全性：向专家或有经验的草药师咨询后使用

其他用途：汤剂、干茶、酊剂

黄芪（Astragalus membranaceus）

主要用途：提高能量和免疫反应

用法用量：每次服用1杯汤剂或1~2粒胶囊或药片，每日2~3次

孕期使用安全性：可供安全使用

其他用途：汤剂、干茶

罗勒和圣罗勒（Ocimum basilicum and O. tenuiflourm, syn. O. sanctum）

主要用途：利于神经系统和消化系统

用法用量：每日饮用2~3次泡剂，每次1杯；用于烹饪

孕期使用安全性：谨慎使用，用于烹饪中除外

其他用途：泡剂、糖浆、酊剂、药油、敷药包、乳霜、乳液和药膏

牛蒡（Arctium lappa）

主要用途：提升能量，净化身体系统，益肝

用法用量：每日饮用2~3次汤剂，每次1杯

孕期使用安全性：可供安全使用

其他用途：汤剂、干茶、酊剂

金盏花（Calendula officinalis）

主要用途：治疗各种皮肤问题（外用）

用法用量：按需涂抹药膏或乳霜于皮肤上

孕期使用安全性：外用时，可供安全使用

其他用途：浴茶、药油、敷药包、乳霜、乳液和药膏

花菱草（Eschscholzia california）

主要用途：安神，促进睡眠

用法用量：每次摄入1~2滴酊剂或1~2粒胶囊或药片，每日2~3次

孕期使用安全性：谨慎使用

其他用途：汤剂、干茶、糖浆、酊剂

猫薄荷（Nepeta cataria）

主要用途：缓解发烧，安抚孩子

用法用量：每日可多次饮用泡剂，每次1/2～1杯

孕期使用安全性：谨慎使用

其他用途：泡剂、浴茶、糖浆

卡宴辣椒（Capsicum annuum）

主要用途：改善消化，降低疼痛

用法用量：按需使用（外用）；每次将1/4茶匙粉状草药用热水冲泡饮用，或服用2粒胶囊，每日2～3次（内服）

孕期使用安全性：外用无任何安全问题；适度内服，可供安全使用

其他用途：糖浆、酊剂、药油、敷药包、乳霜、乳液和药膏

聚合草（Symphytum officinale）

主要用途：促进伤口、烧伤和其他皮外伤的愈合，缓解不适（外用）

用法用量：随意涂抹于患处，避开开放性伤口

孕期使用安全性：外用于完整的皮肤，无任何安全问题

其他用途：泡剂（叶）、汤剂（根部）、敷药包、乳霜、乳液和药膏

紫锥菊（Echinacea purpurea, E. angustifolia）

主要用途：刺激免疫系统对感冒、流感和感染的预防和治疗

用法用量：每日饮用2～4杯泡剂，或每2～3小时，摄入2～4粒胶囊或药片，或2～4滴酊剂

孕期使用安全性：可供安全使用

其他用途：汤剂、干茶、糖浆、酊剂、敷药包、乳霜、乳液和药膏

黄春菊（German and Roman Matricaria recutita and Chamaemelum nobile, syn. Anthemis nobilis）

主要用途：安抚消化系统（可供全家使用）

用法用量：每日饮用2～4杯泡剂

孕期使用安全性：无任何安全问题

其他用途：泡剂、浴茶、糖浆、酊剂、药油、敷药包、乳霜、乳液和药膏

接骨木（Sambucus nigra, ssp. canadensis/ caerulea, syn. S. nigra, S. canadensis, S. mexicana）

主要用途：缓解发烧（花），治疗流感和皮肤疾病（浆果）

用法用量：每日饮用2～4杯泡剂，或服用3次浆果糖浆，每次1茶匙

孕期使用安全性：可供安全使用

其他用途：泡剂、糖浆、酊剂、乳霜、乳液和药膏

茴香（Foeniculum vulgare）

主要用途：促进消化吸收，减少肠气

用法用量：饭后按需饮用1杯泡剂

孕期使用安全性：谨慎使用

其他用途：泡剂、糖浆、酊剂

大蒜（Allium sativum）

主要用途：利于心血管系统，帮助对抗鼻窦和喉咙感染，治疗癌症

用法用量：捣碎1瓣大蒜混入食物中，每日食用2～3次，或按需服用1/4茶匙糖浆

孕期使用安全性：谨慎使用

其他用途：糖浆、酊剂、药油

积雪草（Centella asiatica, syn. Hydrocotyle asiatica）

主要用途：增强记忆（传统用法），安神；利于心血管系统和各种皮肤问题

用法用量：每日饮用2～3杯积雪草汁，每次1～4盎司，或每日服用1～4次胶囊或药片，每次2～3粒（内服）；按需涂抹乳霜（外用）

孕期使用安全性：可供安全使用

其他用途：泡剂、干茶、浴茶、糖浆、酊剂、敷药包、乳霜、乳液和药膏

山楂（Crataegus laevigata, C. oxycantha, and C. pinnatifida）

主要用途：保护心脏，促进心血管健康

用法用量：每日饮用1～2杯泡剂，或每日服用2次胶囊或药片，每次2～3粒

孕期使用安全性：可供安全使用

其他用途：汤剂、干茶、糖浆、酊剂

金银花（Lonicera japonica）

主要用途：治疗流感、发烧和其他呼吸道感染，用作抗病毒药物

用法用量：每日饮用2～3次泡剂，每次1杯

孕期使用安全性：可供安全使用

其他用途：泡剂、干茶、浴茶、糖浆、酊剂

啤酒花（Humulus lupulus）

主要用途：安神，促进睡眠，抗

炎，镇痛

用法用量：每次饮用1/2～1杯泡剂或摄入2滴酊剂，每日2次

孕期使用安全性：谨慎使用

其他用途：泡剂、糖浆、酊剂

薰衣草（Lavandula angustifolia）

主要用途：安抚和舒缓身体、心灵和精神（内服和外用）

用法用量：每日饮用2～3次泡剂，每次1杯（内服）；按需使用（芳香疗法及外用）

孕期使用安全性：可供安全使用

其他用途：泡剂、浴茶、糖浆、酊剂、药油、敷药包、乳霜、乳液和药膏

甘草（Glycyrrhiza glabra, G. uralensis）

主要用途：消除黏液，减轻炎症及消化道、呼吸道的刺激，掩盖草药的苦味

用法用量：每日饮用2次汤剂，每次1/2杯，可单独饮用或与其他草药混合饮用

孕期使用安全性：适度使用是安全的（每日使用少于1/4盎司干燥的草药）

其他用途：泡剂、汤剂、干茶、糖浆、酊剂

柠檬香蜂草（Melissa officinalis）

主要用途：舒缓疱疹溃疡（外用）；安抚和放松胃部与神经（内服）

用法用量：每日用于局部（外用）；按需饮用1杯泡剂（内服）

孕期使用安全性：可供安全使用

其他用途：泡剂、干茶、浴茶、糖浆、酊剂、乳霜、乳液和药膏

柠檬马鞭草（Aloysia citriodora, syn. A. triphylla）

主要用途：助消化，安神和促进睡眠

用法用量：每日饮用2～3次泡剂，每次1杯，且在睡前饮用

孕期使用安全性：谨慎使用

其他用途：泡剂、浴茶、糖浆、酊剂、药油、乳霜、乳液和药膏

女贞（Ligustrum lucidum）

主要用途：强化免疫系统和肝功能，平衡激素系统，对抗压力和疲劳

用法用量：每次饮用1杯泡剂或摄入1～2滴酊剂，每日2～3次；使用复合产品，如胶囊或药片也同样有效

孕期使用安全性：尚无已知安全问题

其他用途：汤剂、干茶、糖浆、酊剂

黑种草（Nigella damascene）

主要用途：利于消化道和呼吸道，减少肠气，提升能量

用法用量：每日饮用2次泡剂，每次1杯；用于烹饪

孕期使用安全性：可供安全使用

其他用途：泡剂、糖浆、酊剂

药蜀葵（Althaea officinalis）

主要用途：舒缓消化道、呼吸道及尿道

用法用量：每日饮用2～3杯泡剂

孕期使用安全性：可供安全使用

其他用途：汤剂、干茶、糖浆、酊剂、乳霜、乳液和药膏

毛蕊花（Verbascum spp.）

主要用途：舒缓消化道、呼吸道及尿道

用法用量：睡前按需将2～3滴油滴入耳朵；每日饮用2～3次叶子的泡剂，每次1杯

孕期使用安全性：可供安全使用

其他用途：泡剂、糖浆、酊剂、药油、敷药包

荨麻（Urtica dioica）

主要用途：利于排尿，减轻过敏症状，用作强效的矿物补药

用法用量：每日按需饮用2～3杯泡剂；烹饪菜肴时，将叶子放入蒸煮

孕期使用安全性：可供安全使用

其他用途：泡剂、干茶、浴茶

牛至（Origanum vulgare）

主要用途：治疗上呼吸道感染，减少肠气

用法用量：按需饮用2～3杯浓茶泡剂；用于烹饪.

孕期使用安全性：谨慎使用

其他用途：泡剂、药油、敷药包

俄勒冈葡萄（Mahonia aquifolium）

主要用途：缓解疼痛和其他皮肤问题，治疗各种感染

用法用量：混合其他草药制成汤剂（因其味苦），每日饮用1～2杯

孕期使用安全性：不推荐

其他用途：汤剂、干茶、酊剂、敷药包、乳霜、乳液和药膏

胡椒薄荷和留兰香（Mentha x piperita and M. spicata）

主要用途：减少肠气，舒缓消化道和呼吸道不适

用法用量：按需饮用1/2～1杯泡剂

孕期使用安全性：可供安全使用

其他用途：泡剂、浴茶、糖浆、药油、敷药包、乳霜、乳液和药膏

红三叶草（Trifolium pretense）

主要用途：治疗更年期症状，用作祛痰剂、血液净化剂，用于许多草药排毒方案中

用法用量：每日饮用2～3次泡剂，每次1杯；或每日服用2～3次胶囊或药片，每次1～2粒

孕期使用安全性：向专家或有经验的草药师咨询后使用

其他用途：泡剂、干茶、糖浆、酊剂、乳霜、乳液和药膏

红景天（Rhodiola rosea）

主要用途：对抗压力和疲劳，增加活力，促进大脑功能与免疫功能的良好运行

用法用量：每次摄入1～2滴酊剂或1～2粒胶囊或药片，每日2次

孕期使用安全性：尚无已知安全问题

其他用途：干茶、酊剂

迷迭香（Rosmarinu officinalis）

主要用途：抗衰老，促进血液流通

用法用量：每日饮用1～2杯泡剂，或摄入1～2滴酊剂；用于沐浴

孕期使用安全性：不推荐内服，特别是迷迭香精油

其他用途：泡剂、浴茶、糖浆、酊剂、药油、敷药包、乳霜、乳液和药膏

鼠尾草（Salvia officinalis）

主要用途：减轻喉咙痛的不适症状，用作治疗上呼吸道感染的抗菌药

用法用量：每日按需啜饮1～2杯泡剂

孕期使用安全性：不推荐

其他用途：泡剂

夏枯草（Prunella vulgaris）

主要用途：用作治疗感冒和流感的抗病毒药物，净化肝脏，利于皮肤

用法用量：每日饮用2～3杯泡剂，或每日摄入2次酊剂，每次2～3滴

孕期使用安全性：尚无已知安全问题

其他用途：泡剂、干茶、浴茶、糖浆、酊剂、敷药包、乳霜、乳液和药膏

北美黄芩（Scutellaria lateriflora）

主要用途：减少紧张、焦虑和失眠，缓解痛经

用法用量：每日饮用1～3杯泡剂，或每日摄入2次酊剂，每次1～2滴

孕期使用安全性：可供安全使用

其他用途：泡剂、糖浆、酊剂

甜叶菊（Stevia rebaudiana）

主要用途：用作无营养的甜味素，帮助对抗蛀牙

用法用量：按需添加到食物和饮品中

孕期使用安全性：可供安全使用

其他用途：泡剂、干茶、糖浆、酊剂、乳霜、乳液和药膏

圣约翰草（Hypericum perforatum）

主要用途：治疗轻度至中度的抑郁，舒缓神经痛（内服），减轻皮肤炎症（外用）

用法用量：涂抹药油于患处，每日1～2次（外用）；每次摄入2滴酊剂，每日2次（内服）；许多市面上可买到的制剂

孕期使用安全性：向专家或有经验的草药师咨询后使用

其他用途：泡剂、干茶、酊剂、药油、敷药包、乳霜、乳液和药膏

百里香（Thymus vulgaris）

主要用途：用作治疗上呼吸道感染和咳嗽的抗菌药（内服），治疗真菌感染（外用）

用法用量：每日饮用泡剂最多3次，每次1/2～1杯（内服）；按需使用稀释的药油（外用）

孕期使用安全性：不推荐，特别是内服百里香药油

其他用途：泡剂、糖浆、乳霜、乳液和药膏

姜黄（Curcuma longa）

主要用途：用作治疗上呼吸道感染和咳嗽的抗菌药（内服），治疗真菌感染（外用）

用法用量：每日饮用2～3杯泡剂，或每次摄入1～2滴酊剂或3粒胶囊或药片，每日2～3次；用于烹饪

孕期使用安全性：可供安全使用

其他用途：汤剂、干茶、酊剂、药油、敷药包、乳霜、乳液和药膏

缬草（Valeriana officinalis）

主要用途：安抚和缓解焦虑与失眠

用法用量：每次摄入2~3滴酊剂，每日2次，特别是在睡前

孕期使用安全性：按推荐的剂量使用，尚无已知安全问题；使用更高的剂量，需咨询有经验的医生

其他用途：泡剂（充分浸泡30分钟）、干茶、糖浆、酊剂、药油

西洋牡荆（Vitex agnus-castus）

主要用途：舒缓经前期综合征，如乳房触痛，平衡孕酮和其他性激素

用法用量：每日摄入2次酊剂，每次1~2滴，或每日服用1~2粒胶囊或药片

孕期使用安全性：向专家或有经验的草药师咨询后使用

其他用途：泡剂（充分浸泡30分钟）、干茶、酊剂

苦艾（Artemisia absinthium）

主要用途：缓解消化不适，增进食欲，减少恶心，治疗肠寄生虫

用法用量：饭前饮用1/2~1杯泡剂

孕期使用安全性：不推荐

其他用途：泡剂

洋蓍草（Achillea millefolium）

主要用途：舒缓感冒、流感、消化不良、经前期综合征（尤其是痉挛）、脂肪消化不良和饭后腹胀感，缓解发烧和炎症

用法用量：每次饮用1杯泡剂或摄入1~2滴酊剂，每日2~3次

孕期使用安全性：不推荐

其他用途：泡剂、浴茶、酊剂、药油、敷药包、乳霜、乳液和药膏

洋蕺菜（Anemopsis californica）

主要用途：用作治疗呼吸道感染、感冒和流感的抗病毒和解充血药物，治疗喉咙痛、尿道感染和腹泻

用法用量：每次摄入1~2滴酊剂，或饮用1/2~1杯汤剂，每日2~3次

孕期使用安全性：尚无已知安全问题

其他用途：泡剂（充分浸泡30分钟）、干茶、糖浆、酊剂、药油、敷药包

译后记

初次阅读这本书，打动我们的不仅是那精美的图片和文字，还有书中所倡导的自然、自愈、自悟的生活方式。现代社会，人们的脚步太匆忙，身处繁华都市的我们，是否应该停一停，深呼吸，享受一下大自然的馈赠，让心灵和植物一起成长。我们相信，植物在古今中外都是人类身心的伴侣，那些卷帙浩繁的中医哲学理论，以及现代西方医学研究、植物科学的应用就是最好的证明。

因此，我们决定把这本书介绍给国内的读者。翻译这本书时，南半球正值炎炎夏日，西悉尼大学校园里的柠檬香蜂草、迷迭香、百里香和鼠尾草长势正茂。因此我们也有幸一边学习草药知识，一边品尝各式花茶带来的香甜感受。我们体验绿色的生活方式，对比中西方草药内涵，商榷文化翻译用语。我们来自东方，从小浸淫着对中医"采药"的认知；当我们身在西方时，更加确认了自然植物的价值，深信传统医学引领的现代生活理念。我们的周围，充满着诗意的表达：穿心莲、积雪草、女贞、茴藿香……我们所收获的，远比一本植物介绍书要多得多。

希望读者们在阅读本书后能亲自动手，种植和制作草药。这本身就是一个赏心悦目的过程。如果能够治愈疾病，那将是我们一直梦寐以求的事情了。

黄欣 朱亚光
2014年4月于澳大利亚

黄欣，任职于暨南大学翻译学院，长期从事翻译理论及实践。本书翻译时为澳大利亚西悉尼大学访问学者。
朱亚光，澳大利亚西悉尼大学翻译与口译专业硕士，澳大利亚翻译资格认可局NAATI三级（高级）口笔译译员。